コロナ社創立90周年記念出版〔創立1927年〕

情報ネットワーク科学シリーズ　第**3**巻

情報ネットワークの分散制御と階層構造

電子情報通信学会【監修】

会田 雅樹【著】

コロナ社

情報ネットワーク科学シリーズ編集委員会

編集委員長　村田　正幸　（大阪大学，工学博士）

編集委員　　会田　雅樹　（首都大学東京，博士（工学））

　　　　　　成瀬　　誠　（情報通信研究機構，博士（工学））

　　　　　　長谷川幹雄　（東京理科大学，博士（工学））

（五十音順，2015 年 8 月現在）

シリーズ刊行のことば

　情報通信分野の技術革新はライフスタイルだけでなく社会構造の変革をも引き起こし，農業革命，産業革命に継ぐ第三の革命といわれるほどの社会的影響を与えている．この変革はネットワーク技術の活用によって社会の隅々まで浸透し，電力・交通・物流・商取引などの重要な社会システムもネットワークなしには存在し得ない状況になっている．すなわち，ネットワークは人類の生存や社会の成り立ちに不可欠なクリティカルインフラとなっている．

　しかし，「情報ネットワークそのもの」については，その学術的基礎が十分に理解されないままに今日の興隆を招いているという現実がある．その結果，情報ネットワークが大きな役割を果たしているさまざまな社会システムにおいて，特にそれらの信頼性において極めて重大な問題を抱えていることを指摘せざるを得ない．劇的に変化し続ける現代社会において，情報ネットワークが人や環境と調和しながら持続発展し続けるために，確固たる基盤となる学術及び技術が必要である．

　現状を翻ってみると，現場では技術者の経験に基づいた情報ネットワークの設計・運用がいまだ多くなされており，従来，情報ネットワークの学術基盤とされてきた諸理論との乖離はますます大きくなっている．実際，例えば，大学における「ネットワーク」講義のシラバスを見ると，旧来の待ち行列理論・トラヒック理論に終始するものも多く，現実の諸問題を解決する基礎とはおよそいい難い．一方，実用を志向するものも確かに存在するが，そこでは既存の通信プロトコルを羅列し紹介するだけの講義をもって実学教育としている．

　本シリーズでは，そのような現状を打破すべく，従来の情報ネットワーク分野における学術基盤では取り扱うことが困難な諸問題，すなわち，大量で多様な端末の収容，ネットワークの大規模化・多様化・複雑化・モバイル化・仮想

化，省エネルギーに代表される環境調和性能を含めた物理世界とネットワーク世界の調和，安全性・信頼性の確保などの問題を克服し，今後の情報ネットワークのますますの発展を支えるための学術基盤としての「情報ネットワーク科学」の体系化を目指すものである。そのためには，既存のいわゆる情報通信工学だけでなく，その周辺分野，更には異種分野からの接近，数理・物理からの接近，社会経済的視点からの接近など，多様で新しい視座からのアプローチが重要になる。

シリーズ第1巻において，そのような可能性を秘めた新しい取組みを俯瞰した後，情報ネットワークの新しいモデリング手法や設計・制御手法などについて，順次，発刊していく予定である。なお，本シリーズは主として，情報ネットワークを専門とする学部や大学院の学生や，研究者・技術者の専門書になることを目指したものであるが，従来の大学専門教育のカリキュラムに飽き足りない関係者にもぜひ一読していただきたい。

電子情報通信学会の監修のもと，この分野の書籍の出版に長年の実績と功績があるコロナ社の創立90周年記念出版の事業の一つとして，本シリーズを次代を担う学生諸君に贈ることができるようになったことはたいへん意義深いものである。

最後に，本シリーズの企画に賛同いただいたコロナ社の皆様に心よりお礼申し上げる。

2015年8月

編集委員長　村田正幸

まえがき

　著者が大学院で情報ネットワーク工学分野の教育・研究に取り組むようになって 10 年が経過したが，この間，博士課程に進学する学生の少ないことが気になっていた．殆どの大学院生が，修士課程の修了とともに民間企業に就職してしまうのである．この原因はいうまでもなく，修了後の進路に関する状況が大きく影響している．企業からの求人は学士や修士を対象としたものが主流で，博士号を持った学生に対する求人は多くない．博士号を取得しても研究者のポストの数は限られており，研究者の就職難が大きな問題となっている．こうした状況では，修士で民間企業に就職することが合理的な選択ということになるのであろう．このような事情は情報ネットワーク工学分野に限ったものではなく，他の多くの工学系の分野でも同様な状況であると思われる．

　一方，理学系では（著者の個人的な経験の範囲ではあるが）工学系に比べて博士課程への進学率が高いという印象を持っている．これはなぜだろうか．工学系で博士号を取得した場合，修士に比べれば求人数が限られているとはいえ，民間企業を含む様々な進路で研究者として活躍できる．これは工学系の専門分野が民間企業の技術開発に直接的に役立っているためであろう．特に情報ネットワーク工学は，昨今の情報ネットワーク社会の発展も目覚ましく，工学系の中でも民間企業で活躍しやすい分野のはずである．それに比べて理学系で博士号を取得した場合，理学系の専門分野が基礎的であるために，専門を活かして民間企業で研究する可能性は工学系に比べて非常に低いのが実情である．大学で研究する場合にも就職難の問題は工学系以上に深刻であるように感じる．それにもかかわらず，多くの学生が博士課程に進学するのである．工学系の学生の合理的選択のマインドと比較すると，実に驚くべきことではないだろうか．

　この原因はおそらく，学問自体が持つ魅力の差にあるのではないかと思う．理

学系の学問には，例えば「宇宙の果てはどうなっているのか」,「時間とは何か」,「生命はどのように始まったか」など少年少女の夢をかき立てるテーマに溢れており，研究者を志す若者の心を虜にする「魔力」があるのだと思う．もちろん，理学系の就職難の問題を根本的に解決することなしに博士課程への進学率の高さのみを賞賛することは適切ではないが，学問の持つ妖艶な「魔力」に関しては工学系でも大いに参考にしたいところである．

　本書は 20 歳前後の自分自身をイメージしながら，あの頃にどんな解説をしてもらえたら情報ネットワーク工学に興味を持っただろうか，ということを念頭に内容を構成している．もちろん，著者自身の浅学非才により妖艶な「魔力」の実現は望むべくもないが，研究者人生の選択に影響を受けてくれる読者が少数でも存在したなら，著者の目論見が成功したということにしたい．

　著者は，大規模で複雑なシステムをいくらかでも統一的な見方で認識するための枠組みとして，制御動作の時間スケールや制御範囲の空間スケールに基づく階層構造の考え方が有効であると信じており，本書はそのための考え方やものの見方を中心に解説したものである．情報ネットワーク分野の伝統的な基礎理論である待ち行列理論やグラフ理論に関する内容は殆ど含まれず，また通信プロトコルの詳細に関する実践的な説明も扱わない．それらは前提知識として必要となる部分のみを必要最小限度で記述するに留めている．そのかわり，情報ネットワークを分散制御と階層化という観点で見たときに必要になる考え方や方法について詳しく記述した．

　本書の内容は，標準的な情報ネットワーク分野の学部生が使う教科書とは趣を異にした構成となっているが，複雑な対象を解明するためには標準的な考え方だけでなく，いろいろな引出しを用意しておくことは重要であると信じている．特に，情報ネットワークに関する前提知識を仮定していないので，全くの初学者でも本書の内容は問題なく読みこなせると考えている．情報ネットワーク分野に現れる各種プロトコルなどのアルファベットの略語を記憶することに抵抗感のある学生諸君には，ぜひ本書を読んでほしい．将来，本書の考え方を発展させた実システムの登場や，本書の考え方を深掘りした基礎理論の発展な

どで，本書の内容が新しい情報ネットワーク分野の発展にいささかでも貢献できれば，著者の望外の喜びとするところである．

本書の章末問題の解答はコロナ社のwebページ

http://www.coronasha.co.jp/np/isbn/9784339028034/

からダウンロードできるので，ぜひ章末問題にも取り組んでいただきたい．

本書の執筆は，「情報ネットワーク科学」シリーズのうちの一巻として企画したものである．シリーズの編集委員長であり本書の執筆を勧めていただいた大阪大学 村田正幸氏，並びに私とともにシリーズの編集委員を担当した情報通信研究機構 成瀬 誠氏，東京理科大学 長谷川幹雄氏に感謝します．自律分散制御に関する研究を進めるにあたり協力をいただいた広島市立大学 高野知佐氏，東京大学 本間裕大氏，首都大学東京 作元雄輔氏，並びに研究の進め方についてご指導いただいた元日本電信電話株式会社 齊藤孝文氏・久保輝之氏に感謝します．また，大学院生として個々の研究を推進してくれた首都大学東京 杉山慶太氏・渡部康平氏・高山裕紀氏・高木健志氏・畠山創太氏・高橋友里氏・劉永超氏・森田良輔氏，並びに広島市立大学 濱本 亮氏に感謝します．

最後に，本企画を受け入れてサポートしていただいたコロナ社の皆様に感謝します．

2015年8月

会 田 雅 樹

目 次

1. 自律分散制御と階層構造

1.1 大規模複雑システムとしての情報ネットワーク ……………………… *1*
1.2 自然界の秩序はどこからくるのか ………………………………………… *3*
1.3 ミクロとマクロを結び付けるしくみ …………………………………… *5*
   1.3.1 階層構造の例 *6*
   1.3.2 近接作用の考え方から見た自律分散制御 *9*
   1.3.3 くりこみ群の考え方から見た階層構造 *15*
   1.3.4 自律分散制御と階層構造 *24*
   1.3.5 自律分散制御と階層構造に関する若干の補足 *28*
章 末 問 題 ………………………………………………………………………… *30*

2. 偏微分方程式に基づく自律分散制御

2.1 局所動作規則と偏微分方程式 …………………………………………… *32*
   2.1.1 連 続 の 式 *32*
   2.1.2 拡 散 方 程 式 *33*
   2.1.3 拡散方程式の解 *36*
2.2 偏微分方程式に基づく自律分散制御の構成法 ……………………… *41*
   2.2.1 偏微分方程式に基づく自律分散制御 *42*
   2.2.2 離散化に伴う注意事項 *43*
2.3 ネットワーク上の拡散方程式 …………………………………………… *52*
   2.3.1 ラプラシアン行列と固有値問題 *52*
   2.3.2 ネットワーク上の拡散方程式と拡散の流れ *58*

  2.3.3　ラプラシアン行列の固有値問題とフーリエ変換　*63*
2.4　拡散現象のくりこみ変換を用いた自律分散制御法……………………*67*
  2.4.1　拡散現象のくりこみ変換と偏微分方程式　*67*
  2.4.2　空間構造を生み出す自律分散制御　*71*
章　末　問　題………………………………………………………………………*75*

3. 拡散現象に基づく自律分散クラスタリング

3.1　MANET の階層型経路制御とクラスタリング ……………………………*77*
3.2　自律分散クラスタリングのためのドリフト項設計……………………… *78*
3.3　制御動作の離散的な記述………………………………………………………*81*
3.4　クラスタ構造の安定化技術……………………………………………………*84*
  3.4.1　逆拡散ポテンシャル　*84*
  3.4.2　拡散とドリフトの強さの自律調整機構　*87*
  3.4.3　空間構造の履歴情報を用いたクラスタ構造の安定化技術　*94*
3.5　偏微分方程式に基づくその他の空間構造生成法と注意事項………… *98*
章　末　問　題………………………………………………………………………*104*

4. ホイヘンスの原理に基づく自律分散クラスタリング

4.1　ホイヘンスの原理を利用した自律分散クラスタリング……………… *105*
  4.1.1　ホイヘンスの原理とくりこみ変換　*105*
  4.1.2　空間構造分布のレンジと増幅　*111*
4.2　ホイヘンスの原理に基づく自律分散クラスタリングの特徴……… *114*
4.3　生成されるクラスタ数の制御技術………………………………………… *121*
章　末　問　題………………………………………………………………………*124*

5. カオスを利用した分散制御

5.1 予備知識の簡単な解説 ································· 125

5.1.1 TCP の動作概要と TCP グローバル同期問題 *125*
5.1.2 RED の狙いと動作概要 *127*
5.1.3 カオスを利用した階層型ネットワーク制御のコンセプト *128*

5.2 結合振動子に現れるカオスと送信レート制御への応用 ············· 131

5.2.1 緩和振動子からなる結合振動子 *132*
5.2.2 カオスを利用した送信レート制御 *136*

5.3 リンク帯域の制限を考慮した送信レート制御の特性とカオスの回復 ········ 143

5.3.1 リンク帯域の制限を考慮した送信レート制御 *143*
5.3.2 送信レートの最大値の振舞い *147*
5.3.3 カオスに基づく階層制御の枠組みの回復 *151*

章 末 問 題 ··· 156

6. くりこみ変換と階層構造

6.1 準静的アプローチ ······································ 157

6.1.1 ユーザと通信システム間の相互作用と階層構造 *157*
6.1.2 準静的アプローチのコンセプト *162*
6.1.3 準静的アプローチに現れるゆらぎの表現方法 *166*

6.2 ユーザの時間分解能のくりこみ群と準静的アプローチ ············· 173

6.2.1 再試行を含む入力トラヒックレートのくりこみ変換 *173*
6.2.2 入力トラヒックレートのくりこみ群方程式 *178*

6.3 ダイナミクスの縮約と準静的アプローチ ····················· 179

6.3.1 断熱近似とくりこみ群方程式 *179*
6.3.2 非断熱効果の摂動展開と準静的アプローチの理解 *181*

6.4 再試行を含む入力トラヒック量の時間発展方程式 ················ 185

6.4.1　具体的な時間発展方程式　*185*
　　6.4.2　評　価　例　*188*
　章 末 問 題 ……………………………………………… *192*

7. ま　と　め

7.1　全体のまとめ ………………………………………… *193*
7.2　更なる勉強のための情報 …………………………… *195*

付　　　　録 …………………………………………… *197*

　A.1　マルコフ過程 …………………………………… *197*
　A.2　マスター方程式 ………………………………… *199*
　A.3　ランジュバン方程式とフォッカー・プランク方程式 ………… *201*
　A.4　伊藤過程と伊藤の補題 ………………………… *206*

引用・参考文献 …………………………………………… *210*
索　　　　引 ……………………………………………… *215*

第1章
自律分散制御と階層構造

情報ネットワークは人間が創り出した世界最大規模のシステムであり，日々進化を続けている．このような大規模複雑システムを適切かつ持続的に運用するためには，どのようなネットワーク設計・制御技術が求められるであろうか．従来のネットワーク制御アーキテクチャは，機能に基づいた階層構成を採っているが，実装面でのメリット以外に原理的な必然性があるわけではない．一方，大規模システムの典型例である自然界では，システム全体の秩序立った振舞いの背後に，しばしば時間的及び空間的スケールによる階層構造が見いだされる．これにより我々は，例えば，原子・分子レベルの複雑な運動に気を留めることなく，日常の生活を送ることができる．情報ネットワークにおいても自然界のような階層構造を考えることができれば，システム自体の詳細な状態情報を完全には把握していなくても，情報ネットワークを適切かつ持続的に運用することができるかもしれない．本書では，ネットワークの内部で行われる各種の制御動作について，時間的及び空間的スケールの観点から階層構造を考察し，ネットワークの自律分散制御と階層構造の枠組みを考察する．それに先立ち，まず本章において基本となる考え方を明らかにする[1],[2]†．

1.1 大規模複雑システムとしての情報ネットワーク

情報ネットワークは，空間的な広がりの意味でも，接続する機器の数の意味でも人間が創り出した最大規模のシステムである．また，情報ネットワークのアプリケーションの多様化や社会との結び付きの深化により，今や人間の生命や財産に関わる重要な社会活動まで，情報ネットワーク抜きでは考えられない社会になっている．このような状況から，情報ネットワークは社会活動と密接

---
† 肩付き数字は巻末の引用・参考文献番号を表す．

に関係しながら日々動的な進化を続ける「大規模複雑システム」であり，しかも，システムが停止した場合の社会的影響が極めて大きいために高い信頼性が求められるシステムである．

　上記のような情報ネットワークの特徴を，他の工学的システムと比較してみよう．例えば，電化製品や自動車であれば，設計時に想定した使用条件のもとで，性能や信頼性が満足できるように作られている．当然，市販の自動車がそのままレーシングサーキットを走行するようなことは想定しておらず，また，そのような状況において自動車の信頼性が保てるとは考えられない．ところが，情報ネットワークをシステムとして見ると，電化製品や自動車製品とは大きく異なる使用条件にさらされていることが分かる．

　伝統的な情報ネットワークは電話網であり，これは音声信号を運ぶことに特化して作られてきた．しかし，電話網上でモデムを介してデータ通信をしたり，高周波領域を使った ADSL による高速データ通信が実現するなど，新たな利用法が生み出されてきた．携帯電話についても，当初は移動しながら大容量のストリーム動画を視聴することなど想定していなかったはずである．

　また，情報ネットワークのユーザは爆発的に増加し，ユーザはやすやすと国境を越えてつながり，データ転送速度も桁違いに拡大し，情報ネットワークが運ぶデータのトラヒック量も爆発的に増大している．信頼性の要求についても，当初はゲームや趣味での利用が多かったデータ通信が，今や人間生活の根幹を支えるまで社会に浸透し，非常に高い信頼性が期待されるようになってきた．

　このように，システムの設計当初とは異なった使われ方が次々と開発され，規模やシステムの動作速度も拡大しながら，同時進行的にその運用について高い信頼性が求められている．このような状況は，他の一般の工学的システムにはない情報ネットワークの特徴である．

　このような厳しい要求を突き付けられた情報ネットワークシステムをうまく設計し，適切に制御・管理していくためにはどのようなしくみが必要となるのであろうか．身の回りにある大規模複雑システムの典型例は，この世界そのものである．この世界を形成する構成要素の数や，そこから生み出される多様性

は，究極の大規模複雑システムであろう．では，この究極のシステムたる世界はなぜ「安定」して存在しているのであろうか．

　我々は，明日の朝も目覚めたらやはり宇宙は存在していて，これまでと同じように日が昇ると信じて疑わない．我々の世界を構成するミクロな原子や素粒子のスケールでは，過去と同じ状態が再び繰り返されることは一切期待できない世界であるにもかかわらず，である．このような身の回りの世界の安定性や秩序がどこからくるのかを追究することは，以下のような問い掛けに対応するかもしれない．もし神様が世の中を創造したとすれば，そのときに考慮したであろう「世界に秩序が生まれるための仕掛け」とは何であろうか．別の表現をするなら「この世界にあたかも神様が存在しているかのように秩序立って見える仕掛け」とは何か，と言い換えてもよい．

　本章では，そのような「仕掛け」が何であるかを考察し，それを情報ネットワークの設計・制御に利用することで，大規模複雑システムとしての情報通信ネットワークの安定な設計・制御法を生み出すための枠組みを取り扱う．つまり，工学的なシステムの創造主たる人間が，神様が世界を創造したのを真似て，秩序ある大規模複雑システムを作り出すために，どのような方向で検討を進めていけばよいのか，という課題についての一つの考え方を記述する．この中で，具体的には制御動作の時間スケールや，制御の及ぶ範囲の空間スケールから考えた情報ネットワークの制御動作のあり方，及びそれらのスケールによる階層構造について述べる．

1.2　自然界の秩序はどこからくるのか

　身の回りの世界が秩序立って存在するための「仕掛け」とは何かという問いに対し，人それぞれいろいろな考えが存在する．例えば，人間原理的な立場では以下のような説明も可能かもしれない．そもそも，世界が秩序立って存在するからこそ人間のような知的生命体が出現し，この世界の安定性や秩序について思いを巡らすことができる．つまり「世界はなぜ秩序立って存在しているの

か」という問い掛けは秩序立った世界でしか発生しないもので，問い掛け自体が一種のトートロジーである，というのも一つの立場である[3]．

現時点において，人間は自然界の全ての法則を完全に理解しているわけではないので，我々は「仕掛け」に関して完全な回答を与えることはできないかもしれない．しかし我々は自然を理解すること自体が目的ではなく，工学的応用が目的であるので，現時点で考えられる「仕掛け」に当たりを付け，工学的な有用性を試してみることができる．この「仕掛け」として，本書では以下の二つの要因を想定することにする．

- **近接作用**（作用の**局所性**）　　物理的なシステムにおいて異なる位置にある対象同士の間に生じる何らかの作用を考えるときに，作用の及ぼし方によって**遠隔作用**と**近接作用**の二つの考え方が存在する．遠隔作用とは離れた対象同士が直接的に作用を及ぼし合うと考えるモデルである．一方，近接作用では，離れた対象同士が直接的に作用を及ぼし合うことはなく，作用が直接伝わるのは近隣のみであって，近隣同士間の作用の影響が徐々に空間を伝わっていくことで，離れた対象に作用が到達すると考える．現代の物理学では近接作用の立場を支持しており，相互作用は局所的に起こるとしている．このようなモデルでは，空間の各点に何らかの物理量があるとする「場」を考え，ある点での物理量の変化が空間各点の近隣同士の局所的なやりとりを介して空間を伝わっていくことになる．

- **くりこみ可能性**（粗視化による自由度の縮約可能性）　　くりこみ理論とは，何らかの対象を観察する際に，観察のスケール（時間的または空間的な分解能など）を粗くするような「ものの見方の変換」を考え，その変換に対してものの見え方がどのように変化するかの「応答」をシステマティックに記述しようとする理論の枠組みである．ここで用いられるものの見方の変換を**くりこみ変換**という．ミクロスケールで観測したときに多数の（または無限の）自由度で記述されるようなシステムが，くりこみ変換によってマクロスケールでは少数の（または有限の）自由度

で記述できるような自由度の縮約が可能な場合，観測対象のシステムは**くりこみ可能**であるという．くりこみ理論は物理学の諸分野において多くの鮮やかな成功例がある反面，適用する問題ごとにカスタマイズしたくりこみ理論が必要であり，現状では必ずしも誰にでも使える汎用的な分析手法とはいえないようである[3]．

近接作用では，ある対象が他者から影響を受けたり他者に影響を与えたりするのは，瞬間的には近隣のみであることになる．遠隔作用の世界では，宇宙の果てを含む全ての場所で起こった現象が瞬間的に自分に影響を与え，逆に自分は世界の全現象に即座に影響を与えることになり，恐らく世界はその構成要素同士が非常に強く結び付いた自縄自縛の世界になるに違いない．このことから近接作用の世界は，局所的な行動の自由を確保しつつ，システム全体に安定な秩序を与えるための鍵であると思われる．

我々は世界のしくみを完全には理解していなかったとしても，また原子のようなミクロな構成要素の存在を知らなかったとしても，世界の秩序を実感することができる．これは，世界をミクロレベルで見たときの膨大な自由度が，人間が観察可能なレベルの粗いスケールで見たときには殆ど消えてしまい，比較的少数のマクロなパラメータのみによって世界が記述できるからである．これは世界がある意味でくりこみ可能であることにほかならない．

本書では，これら二つの考え方に基づき，情報ネットワークの自律分散制御と，時間的及び空間的スケールによる階層化の観点から，情報ネットワークの設計・制御に有用な基本的な考え方を解説する．

1.3 ミクロとマクロを結び付けるしくみ

自然界に現れる各種システムでは，システム全体の秩序ある振舞いの背後に，しばしば時間的及び空間的スケールによる階層構造が見いだされる．本書では，1.2節で見た二つの「仕掛け」がこの階層構造を構成するうえで不可欠のものであり，世界が安定して存在したりダイナミックな秩序が現れたりする現象を支

えていると位置付けて議論を進める．本節では，二つの「仕掛け」と階層構造がどのような形で工学的システムのあり方に結び付くのかについて，全体像を簡単に説明する．

1.3.1 階層構造の例

情報ネットワークに現れる伝統的な階層構造として，通信プロトコルの階層構造が挙げられる．図 1.1 に通信プロトコルの階層構造と，制御動作の時間スケールによるネットワーク制御の階層構造の例を示す．図 (a) は，データ通信に必要な各種の制御機能を，機能別に階層化したものである．このような機能による階層構成は，実装を強く意識したものであり，例えば，ある機能の実現方法について新しく改良された技術が出現したとき，その機能に該当する部分だけ新技術に置き換えれば，全体を丸ごと入れ替えることなくシステムを改良することができる，という利点がある．しかしながら，システムを適切に制御する観点から見て，必ずしも必然性のある構成になっているというわけではない．情報ネットワークの機能による階層化では，例えばトランスポート層のプロトコルにおいて，数十ミリ秒程度の往復遅延時間で動作する制御と，数十秒単位の人間が感知可能な時間スケールで動作する制御が混在しており，システムのダイナミクスを理解したり適切に制御するうえで分かりにくい構造になってい

(a) 機能別による階層化　　(b) 時間的及び空間的なスケールによる階層化

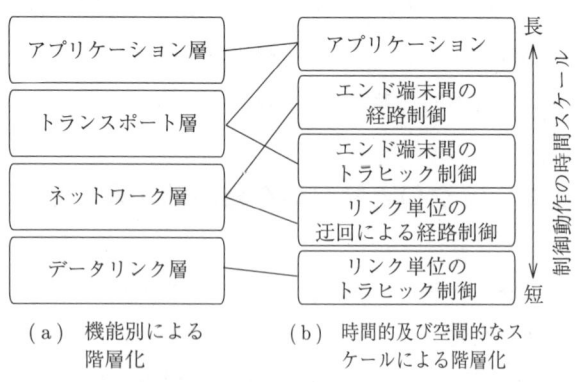

図 1.1 制御動作の時間スケールによるネットワーク制御の階層構造の例

ると考えられる．対照的に，自然界をシステムとして見ると，システムの秩序ある動きの背後には，時間的及び空間的スケールによる階層構造があり，人間から見て非常にミクロな世界の現象が日常生活に強く絡んでくることは殆どないのである．

　ネットワーク制御のしくみは，まずはネットワークの状態情報を知り，状態情報に基づいて適切な制御動作を決定して実行するという手順を踏むことになる．この手順には当然，ある程度の時間が必要である．一般に，狭い範囲の状態情報を集めるのに比べ，システム全体などの広い範囲の状態情報を集めるのには時間がかかる．ネットワークの状態も常に変動しているので，状態情報を収集している間に状態が変化してしまうこともありうる．また，制御動作を実行するときも，狭い範囲への動作であればシステム全体への影響も少ないため，比較的容易に実行可能だが，広い範囲への動作であるとシステム全体への影響が大きいため，慎重に実行する必要がある．このような状態情報の収集範囲，制御の動作範囲と時間の関係を考えると，状態情報が短時間に取得できる狭い範囲については，比較的短い時間スケールでの細かい制御が適していて，広い範囲の状態情報が必要な制御については，状態情報が安定して取得できるような時間粒度の粗い状態情報に基づいて，長い時間スケールでのゆっくりとした制御動作を行うことが適していると理解することができる．

　このような観点から，従来の機能による階層構造ではなく，制御動作の時間的及び空間的スケールにより階層化し直して考察することは，制御アーキテクチャを見通しよく議論することができるという点でメリットがあると考えられる．図 (b) は，ネットワークの各種制御を時間的及び空間的スケールで階層化した場合の構造の一例である．一番下の階層は，情報ネットワーク内の局所的なリンク情報を用いたリンク単位のトラヒック制御である．次の階層は，情報ネットワーク内の局所的な迂回による経路制御で，リンク単位のトラヒック制御により滞留する流れを適切に迂回させようとする制御である．次は，エンド端末間のトラヒック制御で，リンク単位のトラヒック制御では解消できない本質的な混雑要因のもとを絶つような制御である．その上がエンド端末間の経路

制御で，局所的な迂回による経路制御では保証できないエンド端末間のデータの到達性を保証する経路制御である．これらはあくまで例にすぎないが，下位階層において，変動の激しい局所的な状態情報に基づいて高速に動作する狭い範囲の制御と，時間粒度が粗くて変動の少ない状態情報に基づく広範囲の制御が動作する階層構造をなしていて，それぞれに即応性と大域的な安定性の特徴を活かしつつ，互いの欠点を相互に補完する構造になっている．

リンク単位のトラヒック制御とエンド端末間でのトラヒック制御の階層構造の例は，参考文献4),5)を参照されたい．また，リンク単位の迂回ルーティングとエンド端末間の経路制御のルーティングの階層構造の例は，参考文献6),7)を参照されたい．

時間的及び空間的スケールの階層構造の立場で考えると，あるスケールに注目したとき，そのスケールより小さな階層であるかまたは大きな階層であるかで，切り分けることができる．小さな階層のほうをミクロスケール，大きな階層のほうをマクロスケールと呼ぶ．マクロスケールから見ると，ミクロスケールではシステムを構成するそれぞれの要素が，それらの局所的な状態情報に基づき，それぞれが制御可能な狭い範囲に対して自律的に高速な制御を行っているように見えるはずである．逆にミクロスケールからマクロスケールを見ると，制御の動作が極めて緩慢であり，制御の動きが認識できないように感じるはずである．この意味で，ミクロスケールの制御動作は**自律分散制御**に見えるわけであるが，このとき，ミクロスケールでの多くの要素の自律的な制御動作が，マクロスケールでの混乱を招くのではなく，望ましい性質に結び付く必要がある．そのためには，時間的及び空間的スケールの階層構造におけるミクロスケールとマクロスケールの関係を理解しなければならない．これはミクロスケールの階層の立場から見れば，自律分散制御の局所動作ルールが，結果的にシステム全体としてどのような秩序や性能を生み出すか，ということが問題となる．また，マクロスケールの立場から見ると，ミクロスケールの動作の影響を受けてマクロスケールの性質がどのように変化するかが問題となり，ミクロスケールの動作がマクロスケールで粗視化するとどのように見えるのか，ということが

問題になる．

1.3.2　近接作用の考え方から見た自律分散制御

ここでは，1.2 節で議論した「仕掛け」の仮定に基づき，近接作用と自律分散制御の関係性について述べる．

（1）マスター方程式のクラマース・モヤル展開　まず議論を単純化するため，1 次元空間上に分布したある量の密度関数 $p(x,t)$ を考える．この関数は適当な尺度によってシステムの状態や性能特性を表しているものとする（$p(x,t)$ の具体例は 2 章以降で議論する）．また，x はネットワーク内の論理的または物理的な位置を表す変数であるとする．例えば，x を 1 次元ネットワークのノードの位置と考える．本来，1 次元ネットワークのノードの位置は離散的であるので連続変数の x を用いることは適さないが，形式的な議論であるため，ノードが 1 次元空間上に連続的に分布した仮想的な状況を考えている．図 **1.2** は離散的なノード位置の 1 次元ネットワークと，ノード位置の**連続極限**をとった 1 次元ネットワークの関係を表したものである．実際のネットワークに対応させるときは，**差分方程式**に置き換えることによって差分化すればよい．

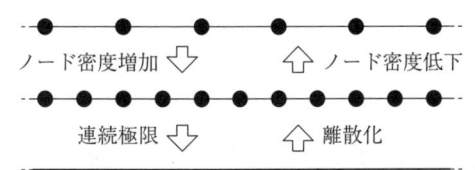

図 **1.2**　離散的なノード位置の 1 次元ネットワークと，ノード位置の連続極限をとった 1 次元ネットワークの関係

各点におけるある量の変化は移動のみによって生じ，生成や消滅を伴わないとする．このとき時刻 t における位置 x から $x+r$ への単位時間当りの遷移率を $w(x,r,t)$ とすると，密度関数 $p(x,t)$ の時間発展は**マスター方程式** (master equation) と呼ばれる式 (1.1) の形に書ける（付録 A.1，A.2 参照）．

$$\frac{\partial}{\partial t} p(x,t) = -\int_{-\infty}^{\infty} w(x,r,t)\, p(x,t)\, dr + \int_{-\infty}^{\infty} w(x-r,r,t)\, p(x-r,t)\, dr \tag{1.1}$$

ここで，右辺第 1 項は点 x から外に流出する量の総和，右辺第 2 項は点 x に外から流入する量の総和を表しており，点 x での密度関数 $p(x,t)$ の時間変化は両者の差で決まることを示している．図 1.3 はこの状況を模式的に表したものである．

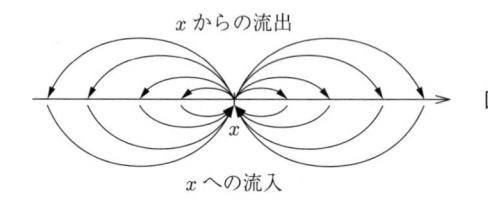

図 1.3　1 次元ネットワーク上の密度関数の時間変化を表す遷移図

次に，遷移率 $w(x,r,t)$ の遷移量 r に関する k 次モーメントを

$$c_k(x,t) := \int_{-\infty}^{\infty} r^k \, w(x,r,t) \, dr \tag{1.2}$$

と定義し，関数 $f(x-r)$ の x の周りでの**テイラー展開** (Taylor expansion)

$$\begin{aligned}
f(x-r) &= \exp\left(-r\frac{\partial}{\partial x}\right) f(x) \\
&= \sum_{k=0}^{\infty} \frac{(-r)^k}{k!} \frac{\partial^k}{\partial x^k} f(x) \\
&= \left[1 - r\frac{\partial}{\partial x} + \frac{r^2}{2!}\frac{\partial^2}{\partial x^2} - \frac{r^3}{3!}\frac{\partial^3}{\partial x^3} + \cdots\right] f(x)
\end{aligned}$$

を関数 $[w(x-r,r,t)\,p(x-r,t)]$ の位置変数 $x-r$ に適用すると，$p(x,t)$ の時間発展は

$$\begin{aligned}
&\frac{\partial}{\partial t} p(x,t) \\
&= -\int_{-\infty}^{\infty} w(x,r,t)\,p(x,t)\,dr + \int_{-\infty}^{\infty} \sum_{k=0}^{\infty} \frac{(-r)^k}{k!} \frac{\partial^k}{\partial x^k} [w(x,r,t)\,p(x,t)]\,dr \\
&= \int_{-\infty}^{\infty} \sum_{k=1}^{\infty} \frac{(-r)^k}{k!} \frac{\partial^k}{\partial x^k} [w(x,r,t)\,p(x,t)]\,dr \\
&= \sum_{k=1}^{\infty} \frac{(-1)^k}{k!} \frac{\partial^k}{\partial x^k} \left[p(x,t) \int_{-\infty}^{\infty} r^k \, w(x,r,t)\,dr\right]
\end{aligned}$$

1.3 ミクロとマクロを結び付けるしくみ

となるから，$p(x,t)$ の時間発展が空間微分の級数として形式的に

$$\frac{\partial}{\partial t} p(x,t) = \sum_{k=1}^{\infty} \frac{(-1)^k}{k!} \frac{\partial^k}{\partial x^k} c_k(x,t) p(x,t) \tag{1.3}$$

と書ける．これを**クラマース・モヤル展開** (Kramers-Moyal expansion) という[8]．

（2）　クラマース・モヤル展開と近接作用　式 (1.3) の意味を考える．まず，右辺に $k=0$ の 0 階微分の項を含まないのは，$p(x,t)$ の各点での変化は移動のみによって生じ，生成や消滅を伴わないとしたことによるものである．もし 0 階微分の項があれば，$c_0(x,t)$ をある定数として

$$\frac{\partial}{\partial t} p(x,t) = c_0(x,t) p(x,t) + \cdots$$

となる項を含んでいるはずで，これは各点 x で $p(x,t)$ が $c_0(x,t)$ の符号に応じて指数関数的に増加または減少することを表す．生成や消滅による変化を許さなかったのは，**遠隔作用**的な瞬間移動との区別を明確にさせたかったためである．ある点 x_1 での $p(x_1,t)$ の増加と別の点 x_2 での $p(x_2,t)$ の減少が同時に起きた場合，それが独立な生成と消滅なのか，または遠隔作用的な瞬間移動によるものなのか分かりにくい．ここでは，瞬間移動との区別をつけるため，見掛けの現象が似た生成と消滅を考えず，混乱の可能性を排除しておいた．そのため，生成や消滅を考える必要があるときは，0 階微分の項を含むことになる．

右辺の級数は一般に無限階の空間微分を含んでいるので，ある点 x での $p(x,t)$ の時間発展は，x から r だけ離れた点 $x+r$ における同時刻の状態 $p(x+r,t)$ からも影響を受けることになる．ここで，r は任意の値を許すことから，式 (1.3) は遠隔作用的な影響を含むことを意味している．これは，**マスター方程式** (1.1) で書かれる状態変化が，遠隔作用的な状態変化を含んでいたことを反映している．

ここで，もし式 (1.3) の右辺の級数を有限階までで打ち切ること (truncate) ができれば，つまり，特定の k_0 に対し全ての $k > k_0$ で $c_k(x,t) = 0$ となれば，$p(x,t)$ の時間発展は x の無限小近傍の情報のみで決定される．これは**近接作用**に対応すると考えてよい．したがって，近接作用の考え方に従うと，ミク

ロとマクロを結び付けるための**自律分散制御**の一つの表現方法として，有限階の**偏微分方程式**または（時間と空間を離散化した）**差分方程式**に基づくモデルによる方法が考えられる．

空間変数の x として，今は 1 次元ネットワークのノード位置を連続化したイメージで議論を進めてきた．一般に空間変数 x は現実のノード位置を表す空間的な位置とは無関係な，抽象的な状態空間を対象にしたモデルとなる可能性もあり，その場合は連続変数が適切な選択となるかもしれない．しかし，ネットワークのノード位置のような現実の装置を対象にして空間変数を考えるときは，現実のモデルに適用する際に，時間と空間を離散化する必要がある．離散化の結果，微分方程式から差分方程式に変わると，有限階の差分でも遠くの情報が必要になることがあり，近接作用のイメージからは乖離してしまう．つまり，あるノードの隣の隣の隣 … となるノードは，有限回繰返しであってもかなり遠くのノードが含まれてしまうのである．

それでは，任意のトポロジーを持つネットワークに適用可能な自律分散制御とするには，級数を打ち切る階数 k_0 をどのように選ぶべきであろうか．ノードが格子状に並んでいるような特別なネットワークトポロジー（図 **1.4** (a)）を除き，一般のネットワークで隣の隣となるノードは必ずしもうまく定義できないのである．例えば全てのノード同士がリンクで結ばれた**完全グラフ**（図 (b)）を考える．あるノードに隣接するノードは，そのノード以外の全てのノードである．これらを隣のノードとして更に隣の隣のノードを考えると，そこには既に出現したノードしか含まれていない．この例から分かるように，任意のネットワークトポロジーで差分を定義することができるのは，自ノードと隣接ノー

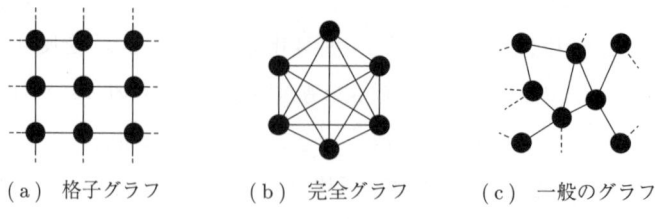

(a) 格子グラフ　　(b) 完全グラフ　　(c) 一般のグラフ

図 **1.4**　ネットワークトポロジーと隣接ノード

ドだけで差分が定義できるときのみである.

（3） ネットワーク上のラプラシアン　まずネットワーク上の1階差分を考える. あるノード i とその隣接ノード j を考え, ノード上の関数値をそれぞれ ϕ_i, ϕ_j とする. このとき $i \to j$ 方向のリンクを考え, それに沿った差分を

$$\frac{\phi_j - \phi_i}{\Delta}$$

とする. ここで, Δ はノード間距離を表す. このように, ネットワーク上の1階差分は注目するノードとそれに隣接するノードとの間で定義できるため, 任意のネットワーク上で1階差分を定義することができる.

次に2階差分について考える. これは1階差分の差分で定義される. 微分方程式に現れる2階微分は, **ラプラシアン** (Laplacian) $\triangle$ の形で現れることが多く, n 次元の直交座標 $(x_1, x_2, \cdots, x_n)$ で書けば

$$\triangle = \frac{\partial^2}{\partial x_1^2} + \frac{\partial^2}{\partial x_2^2} + \cdots + \frac{\partial^2}{\partial x_n^2}$$

である. **ラプラス方程式** (Laplace's equation) を例にして, ラプラシアンの意味を考える. ラプラス方程式は

$$\triangle \phi = 0 \tag{1.4}$$

と書かれ, これを満たす関数 ϕ は**調和関数** (harmonic function) と呼ばれる. 調和関数には, 各点の ϕ の値が, その点の周囲の ϕ の値の平均値に等しいという性質がある. 各点の値がこのような形で周囲と調和しているという性質が, 調和関数と呼ばれる所以である. 連続空間でのラプラシアンは, ナブラ (nabla) の内積 $\triangle := \nabla \cdot \nabla$ で書かれることから分かるように, 幾何学的にはスカラー (scalar) であり, ラプラシアンの意味する概念は座標系の決め方に依存しない. つまり, どのような座標系でもラプラス方程式 (1.4) を満たすスカラー場 ϕ は, 各点においてその周囲の点での ϕ の平均値と, その点での ϕ の値が等しいという性質がある.

ラプラス方程式を差分化した差分方程式を考えることで, ネットワーク上でのラプラシアンの意味を考える. まず1次元のラプラス方程式

$$\frac{\partial^2 \phi(x)}{\partial x^2} = 0$$

を考える．ノード位置を離散化してノード間隔を Δ とし，ノードの位置 x を整数 $x = 0, \pm 1, \pm 2, \cdots$ で表す．また，ノード x での関数値を ϕ_x とすると，差分化したラプラス方程式は

$$\frac{\phi_{x+1} - 2\phi_x + \phi_{x-1}}{\Delta^2} = 0$$

となる．これが成り立つとき

$$\phi_x = \frac{\phi_{x+1} + \phi_{x-1}}{2}$$

となっていて，ノード位置 x での関数値が，1 次元ネットワークの隣接ノードとなる 2 ノードでの関数値の平均となっていることが分かる．同様に 2 次元のラプラス方程式

$$\left(\frac{\partial^2}{\partial x^2} + \frac{\partial^2}{\partial y^2}\right)\phi(x,y) = 0$$

の差分化を考える．2 次元空間を図 1.4 (a) のように離散化し，縦方向と横方向のそれぞれのノード間距離をともに Δ とし，ノード位置の座標を (x, y) で表現する．ここで，x と y は整数とする．また，ノード (x, y) での関数値を $\phi_{x,y}$ とする．このとき，差分化した 2 次元のラプラス方程式は

$$\frac{\phi_{x+1,y} - 2\phi_{x,y} + \phi_{x-1,y}}{\Delta^2} + \frac{\phi_{x,y+1} - 2\phi_{x,y} + \phi_{x,y-1}}{\Delta^2}$$
$$= \frac{\phi_{x+1,y} + \phi_{x-1,y} + \phi_{x,y+1} + \phi_{x,y-1} - 4\phi_{x,y}}{\Delta^2}$$
$$= 0$$

となる．これが成り立つとき

$$\phi_{x,y} = \frac{\phi_{x+1,y} + \phi_{x-1,y} + \phi_{x,y+1} + \phi_{x,y-1}}{4}$$

となっていて，この場合でもノード位置 x での関数値が，2 次元ネットワークの隣接ノードとなる 4 ノードでの関数値の平均となっていることが分かる．こ

のように，離散化したネットワーク上のラプラシアンも「あるノードの周囲のノードにおける関数値の平均と，そのノードでの関数値の差」に比例する量を与える操作に対応することになる．

一般のネットワークにおいて，あるノード i に隣接するノードの集合を ∂i とすると，ノード i の**次数**（ノード i につながっているリンクの数）は $|\partial i|$ である．また，ノード i での関数値を ϕ_i とし，リンク長（ノード間距離）を Δ とすると，ネットワーク上でのラプラシアンは

$$\triangle \phi_i := \frac{\sum_{j \in \partial i} \phi_j - |\partial i| \phi_i}{\Delta^2} \tag{1.5}$$

と定義することができる．したがって，離散的なネットワーク上において，各ノードでのラプラシアンの操作はそのノードの状態と隣接ノードの状態のみで定義されるため，任意のトポロジーを持つネットワークにおいてラプラシアンの操作を定義することができる．

3階以上の差分については，隣接ノードに更に隣接するノードの情報が必要で，一般のネットワーク上で常に意味のある定義ができるとは限らない．

（**4**）**フォッカー・プランク方程式** 以上から，式 (1.3) のような偏微分方程式を一般のトポロジーを持つネットワークの自律分散制御に結び付けて考察する場合，あるノードでの自律分散制御の動作ルールをそのノード自体と隣接ノードのみで与える必要がある．そのため $k_0 = 2$ として式 (1.3) の右辺は3階以上の高階微分の項がない

$$\frac{\partial}{\partial t} p(x,t) = -\frac{\partial}{\partial x} c_1(x,t) p(x,t) + \frac{\partial^2}{\partial x^2} c_2(x,t) p(x,t) \tag{1.6}$$

をベースにしたモデルを考えることが必要である．このような，空間変数の2階微分までを含む時間発展方程式を**フォッカー・プランク方程式** (Fokker-Planck equation) と呼ぶ．

1.3.3 くりこみ群の考え方から見た階層構造

（**1**）**くりこみとは何か** 情報ネットワークの伝統的な設計では，システ

ムの状態情報を詳細に知ることが的確な制御や適切な設計に結び付くと考えられる傾向にあった．確かに，システムの状態が変化しないような静的な環境では，詳細な状態情報を基にして何らかの最適化問題を解くことで，設計や制御に役立てることができる．しかし，現実の環境ではシステムの状態は常に変化しており，状態情報の収集には時間もコストも必要である．状態情報を収集して複雑な最適化問題を解いている間に，前提となっていたシステム状態が変化してしまうことも起こりうる．システムの状態情報も，時間的な変動の具合や制御が可能な空間の範囲などを考慮して，制御や設計に役立つ情報のみに着目できるように，システムの状態情報を適切に取捨選択して整理しなければならない．時間的及び空間的スケールによる階層構造は，システムの状態情報を観測する基準を与えている枠組みであると考えてほしい．

この階層構造を前提とすると，マクロスケールでの観測からではミクロスケールの詳細な情報を知ることはできない．そこで，マクロスケールから見るとミクロスケールでのシステムの状態がどのように観測されるのか，について議論できるようなシステマティックな取扱い方法が必要になる．別の言い方をすれば，階層構造の上位レイヤに本質的に寄与するような状態情報を議論する方法が必要である．

くりこみ (renormalization) とは，元々は 1940 年代に量子電気力学を記述する場の理論において，朝永，Schwinger, Feynman らが導入した考え方であり，発散してしまう積分からうまく有限の値を取り出す方法として考案された[9],[10]．その後，1970 年代に Wilson がくりこみの意味を整理し，**くりこみ群** (renormalization group) の考え方を導入した[11]．これによって，くりこみの考え方は物理学の諸分野で利用されるようになっており，その基本となる考え方は，対象とするシステムに何らかの粗視化の操作を施すことにより，大まかな性質を抜き出すというものである．この考え方を利用すれば，情報ネットワークにおいて階層構造の上位レイヤに本質的に寄与するような状態情報を議論する方法に結び付く可能性がある．

様々な分野に適用されるくりこみ群の方法には，完全に定められた手順が確

立しているわけではなく，適用する問題ごとにカスタマイズされた方法が開発されながら適用されているのが現状である[3]．そのため，通信ネットワークにおいてくりこみ群の考え方を適用する際にも，適用対象によってその方法を工夫する必要がある．

ここでは，くりこみ群の具体的な方法を通してその考え方を理解するために，二つの具体例を説明する．一つはくりこみ変換を用いる方法で，もう一つは力学系（時間に関する常微分方程式のシステム）に現れるくりこみ群である．

（2）くりこみ変換による粗視化 まず，**くりこみ変換** (renormalization transformation) の考え方を導入し，物理的な意味を考察する．くりこみ変換とは，何らかの**粗視化** (coarse graining) に関する変換と**スケール変換** (scaling) の組合せで定義されるものである．

くりこみ変換を以下のような具体例を用いて考察する[12]．無限に広がった「碁盤」の全ての格子点の上に確率 p で黒石，確率 $1-p$ で白石を置くとする．この碁盤を遠くから見たらどのように見えるのかをくりこみ変換を導入して考察する．まず最初に粗視化の変換を以下のように定義する．2×2 の 4 個の碁石からなるブロックに注目し

- ブロックに 3 個以上黒石が含まれていたら，そのブロックを一つの黒石で置き換える．
- ブロックに含まれる黒石が 2 個以下なら，そのブロックを一つの白石で置き換える．

この操作は，碁盤を少し遠くから見て 2×2 のブロックのそれぞれの碁石を判別することができなくなったときに，全体を一つの色で置き換えたら何色に見えるか，という粗視化に関する規則である．黒石と白石が同数のときに白石で置き換えているのは，白のほうが黒より目立つ色だからである．粗視化の規則はほかにもいろいろなバリエーションを考えることができ，くりこみ変換の結果は粗視化の規則によって影響される．次に全体を 1/4 にするスケール変換を行う（図 **1.5**）．このような粗視化とスケール変換を組み合わせたものがくりこみ変換の例である．

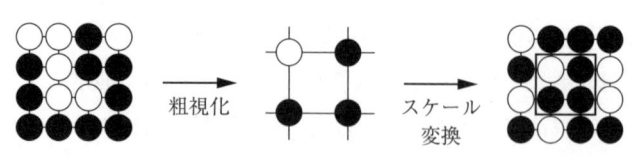

図 **1.5** 2 次元格子のくりこみ変換

上記のくりこみ変換を 1 回作用させた変換は，碁盤を少しだけ離れた位置から見たらどう見えるのかを表している．くりこみ変換を 1 回作用させたときにできる新しい碁石の配置について，格子点の碁石が黒石である確率 $\mathcal{R}(p)$ を考えると，粗視化の規則から式 (1.7) のように表現できる．

$$\mathcal{R}(p) = p^4 + 4p^3(1-p) \tag{1.7}$$

我々の興味は，十分離れた位置から碁盤を見たときどのように見えるか，ということである．これを考えるためにはくりこみ変換を反復適用すればよい．まず，くりこみ変換の**不動点**を求める．これはくりこみ変換しても値を変えないことを表す方程式

$$\mathcal{R}(p) = p \tag{1.8}$$

の解 $p = p_c$ で，式 (1.8) を**くりこみ群方程式**という．不動点は $p_c = 0$ と $p_c = 1$ のほかに $0 < p_c < 1$ の範囲の値では

$$p_c = \frac{1+\sqrt{13}}{6} \cong 0.7676 \tag{1.9}$$

となる．図 **1.6** は横軸 p に対して $\mathcal{R}(p)$ と p をそれぞれ実線と破線でプロットしたものであり，くりこみ変換を反復適用したときの動きを矢印で表している．交点の座標がくりこみ変換の不動点に対応する．

横軸のある p の値にくりこみ変換を 1 回適用した結果が縦軸の $\mathcal{R}(p)$ の値であり，それを更にくりこみ変換するには傾き 1 の破線で折り返して横軸にマッピングした後，再び対応する縦軸の点を求める．図中の矢印の動きはこのような手順を繰り返したものである．もし，黒石の確率 p が閾値 p_c に対し

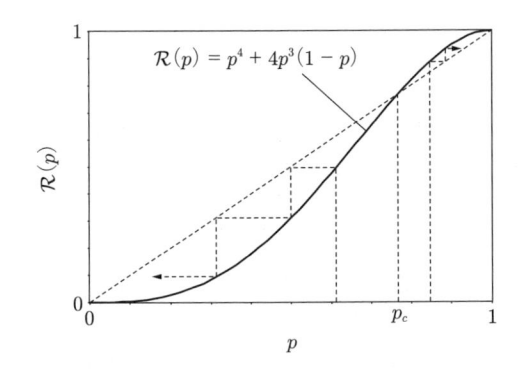

図 1.6 くりこみ変換を反復適用したときの動き

$\mathcal{R}(p) = p^4 + 4p^3(1-p)$

て $p < p_c$ である場合，くりこみ変換の反復適用によって

$$\mathcal{R}^n(p) \to 0 \qquad (n \to \infty)$$

となる．同様に黒石の確率 p が $p > p_c$ である場合

$$\mathcal{R}^n(p) \to 1 \qquad (n \to \infty)$$

となる．これらが意味することは，黒石の確率 p と閾値 (1.9) との大小関係によって，非常に離れたところから碁盤を見たときに，真っ白になって見えるか，または真っ黒になって見えるかのどちらかになることを意味している．もちろん，p が閾値 (1.9) と厳密に等しければ色調は変化しない．興味深いことは，遠くから見たときの状態は p の詳細な値には殆ど関係なく，閾値との大小関係という大まかな情報のみで決まってしまうことである．

この例で見たように，くりこみ変換をうまく適用することによって，異なるスケールで観測したときにどのように見えるのかをシステマティックに取り扱うことができる．

(3) 力学系のくりこみ群と包絡線　　力学系 (時間発展の微分方程式) におけるくりこみ群とは，時間に関する**漸近解析**の方法として，$t \to \infty$ におけるダイナミクスを調べるときに用いられる．ここでは力学系を例にして**くりこみ群**の意味と**包絡線**としての解釈を説明する[13),14)]．

n 次元空間でのベクトル $\boldsymbol{X}(t)$ の時間発展を表す**常微分方程式**

20   1. 自律分散制御と階層構造

$$\frac{d\boldsymbol{X}(t)}{dt} = \boldsymbol{F}(\boldsymbol{X}) \tag{1.10}$$

を考える．ここで，$\boldsymbol{F}(\boldsymbol{X})$ はある関数のベクトルである．この時間発展方程式を時刻 $t = t_0$ での初期条件 $\boldsymbol{X}(t_0) = \boldsymbol{x}_0$ のもとで解いた結果を $\boldsymbol{X}(t; \boldsymbol{x}_0)$ とする．時刻 t を動かすと $\boldsymbol{X}(t; \boldsymbol{x}_0)$ は n 次元空間中に1本の軌跡を描くことになる．

以下では議論を単純にするため2次元空間を考える．初期条件があるパラメータ s の関数になっていると考えて $\boldsymbol{x}_0 = \boldsymbol{h}(s)$ とし，2次元空間での軌跡の曲線を表す方程式を

$$G(\boldsymbol{x}; s) = 0 \tag{1.11}$$

と書く．ただし，$\boldsymbol{x} = (x, y)$ である．続いて初期条件を変更して $\boldsymbol{x}_0' = \boldsymbol{h}(s')$ としたときの解 $\boldsymbol{X}(t; \boldsymbol{x}_0')$ が描く軌跡の方程式を書くと

$$G(\boldsymbol{x}; s') = 0 \tag{1.12}$$

となる．図 **1.7** に初期条件と状態空間中の軌跡を示す．図 (a) は，$\boldsymbol{x}_0$ と $\boldsymbol{x}_0'$ が同じ軌道上にあれば，$\boldsymbol{X}(t; \boldsymbol{x}_0)$ と $\boldsymbol{X}(t; \boldsymbol{x}_0')$ の軌跡が描く曲線が同じであるこ

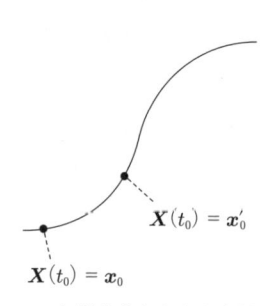

(a) 初期条件がどちらも同じ軌跡の曲線上にある場合

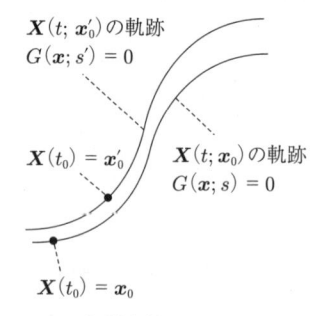

(b) 初期条件が互いに別の軌跡の曲線上にある場合

図 **1.7** 初期条件と状態空間中の軌跡

とを示す．ここでは，$\bm{x}_0$ と $\bm{x}_0'$ をもっと自由にとって，図 (b) に示すように異なる軌道上にある場合も許して考える．そのとき，$\bm{X}(t; \bm{x}_0)$ と $\bm{X}(t; \bm{x}_0')$ の軌跡が描く曲線は一般に異なってくる．

初期条件を変えることで，一般に $G(\bm{x}; s) = 0$ と $G(\bm{x}; s') = 0$ の曲線は異なるものであるが，仮に両者を等しいとして

$$G(\bm{x}; s) = G(\bm{x}; s') \tag{1.13}$$

という方程式を作る．この方程式は，力学系において初期条件が変わったとしても変化しない「何か」に関する情報を知ろうとしている．ここで，$s' \to s$ とすると

$$\frac{dG(\bm{x}; s)}{ds} = \frac{\partial G(\bm{x}; s)}{\partial s} + \frac{\partial G(\bm{x}; s)}{\partial \bm{x}} \frac{d\bm{x}(s)}{ds} = 0 \tag{1.14}$$

となる．x, y の変数で書けば

$$\frac{\partial G(x, y; s)}{\partial s} + \frac{\partial G(x, y; s)}{\partial x} \frac{dx(s)}{ds} + \frac{\partial G(x, y; s)}{\partial y} \frac{dy(s)}{ds} = 0 \tag{1.15}$$

となる．式 (1.13)〜(1.15) を**くりこみ群方程式** (renormalization group equation) と呼ぶ．

くりこみ群方程式の意味を理解するために，包絡線について考察する．パラメータ s によって変化する曲線 $g(\bm{x}; s) = 0$ が与えられたとき，異なる s に対して得られる曲線の全体がなす曲線族

$$\{g(\bm{x}; s) = 0\}_s$$

を考え，この曲線族の**包絡線** (envelope) を考察する．包絡線とは各点において曲線族に属する曲線と接線を共有するような曲線であって，曲線族の全ての曲線と接するような曲線である．包絡線は包絡線方程式と呼ばれる連立方程式

$$\left.\begin{array}{l} g(\bm{x}; s) = 0 \\ \dfrac{\partial}{\partial s} g(\bm{x}; s) = 0 \end{array}\right\} \tag{1.16}$$

から s を消去したものに等しい．このことをもう少し詳しく考察する．

曲線族 $\{g(\boldsymbol{x};s)=0\}_s$ においてパラメータ s を固定して一つの曲線 $g(\boldsymbol{x};s)=0$ に注目し，その曲線が包絡線と接する点 $\boldsymbol{x}=(x,y)$ をパラメータ s を用いた媒介変数表示で

$$\boldsymbol{x}(s) := (x(s), y(s))$$

と表すことにする．これを曲線の式に代入すると，包絡線の満たすべき式として

$$g(\boldsymbol{x}(s); s) = 0 \tag{1.17}$$

を得る．このとき，この点 $(x(s), y(s))$ での接線の傾きは

$$\frac{dy}{dx} = \frac{(dy(s)/ds)}{(dx(s)/ds)} = \frac{y'(s)}{x'(s)} \tag{1.18}$$

となる．一方，曲線 $g(\boldsymbol{x};s)=0$ の勾配ベクトルは

$$\nabla g(\boldsymbol{x};s) = \left(\frac{\partial g(\boldsymbol{x};s)}{\partial x}, \frac{\partial g(\boldsymbol{x};s)}{\partial y}\right)$$

であり，これは接線のベクトルと直交するので

$$\frac{\partial g(\boldsymbol{x};s)}{\partial x} dx(s) + \frac{\partial g(\boldsymbol{x};s)}{\partial y} dy(s) = 0$$

であるから

$$\frac{\partial g(\boldsymbol{x};s)}{\partial x} \frac{dx(s)}{ds} + \frac{\partial g(\boldsymbol{x};s)}{\partial y} \frac{dy(s)}{ds} = 0 \tag{1.19}$$

となる．

包絡線が満たすべき式 (1.17) について，$g(\boldsymbol{x}(s);s)=0$ は s の値によらず成立するので，$dg(\boldsymbol{x};s)/ds=0$ より

$$\frac{dg(\boldsymbol{x};s)}{ds} = \frac{\partial g(\boldsymbol{x};s)}{\partial s} + \frac{\partial g(\boldsymbol{x};s)}{\partial x} \frac{dx(s)}{ds} + \frac{\partial g(\boldsymbol{x};s)}{\partial y} \frac{dy(s)}{ds}$$
$$= 0 \tag{1.20}$$

となるが，これと式 (1.19) から包絡線方程式 (1.16) の第 2 式 $\partial g(\boldsymbol{x}; s)/\partial s = 0$ が導かれる．

ここで，曲線を表す関数を $g(\boldsymbol{x}; s) = G(\boldsymbol{x}; s)$ とすれば，式 (1.20) は

$$\frac{dG(\boldsymbol{x}; s)}{ds} = \frac{\partial G(\boldsymbol{x}; s)}{\partial s} + \frac{\partial G(\boldsymbol{x}; s)}{\partial x}\frac{dx(s)}{ds} + \frac{\partial G(\boldsymbol{x}; s)}{\partial y}\frac{dy(s)}{ds}$$
$$= 0 \qquad (1.21)$$

となるが，これはくりこみ群方程式 (1.14) にほかならない．以上から，くりこみ群方程式の物理的な意味は，初期条件の与え方によらない普遍的な性質として，初期条件の違いから現れる曲線族に対する包絡線（図 **1.8**）を見つけようとしていることと理解できる．

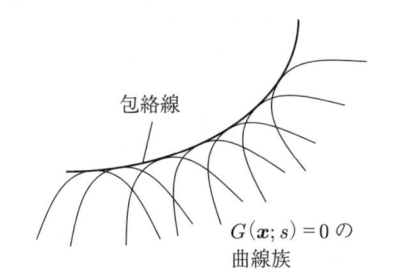

図 **1.8** くりこみ群方程式と包絡線

力学系に対するくりこみ群の方法は，ラジオ放送で用いられている **AM** (Amplitude Modulation, **振幅変調**) の高周波信号から音声信号を取り出すプロセス（復調）のアナロジーで理解できる．図 **1.9** は AM 信号の復調を図示したものである．

AM で変調された音声信号は，**搬送波**と呼ばれる高周波の振幅に音声信号の振幅を掛け合わせて作られている．これが図 (a) である．この状態では波の正負が打ち消し合ってしまうので，ダイオードなどの整流器を使って一方のみの波を取り出すことで図 (b) の信号を得る．この信号の包絡線を取り出すことで図 (c) のような音声信号を取り出す．以上が AM 信号を復調する手順である．このとき，もし搬送波の周波数が多少違っていても，また搬送波の位相がずれていたとしても，包絡線から得られる音声信号の取出しには全く影響を与えな

24   1. 自律分散制御と階層構造

(a)

⇩ 正負の信号を打ち消さないよう整流

(b)

⇩ 包絡線による音声信号の取出し

(c)

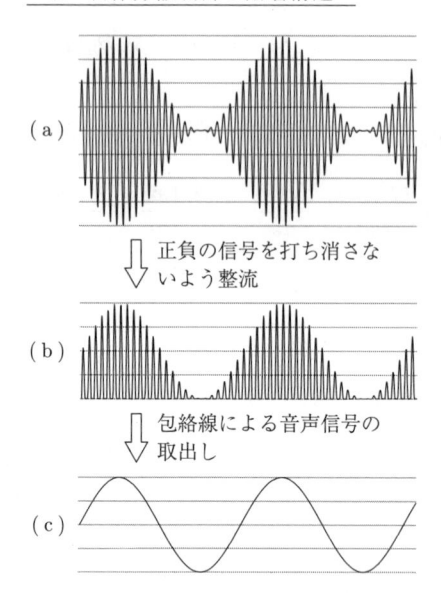

図 1.9 AM 信号の復調

い．このことは，AM 信号の詳細な波形とは関係ない，粗いスケールの特性を抜き出していることと解釈できる．このことは，力学系のくりこみ群において，1 本の曲線 $G(\boldsymbol{x};s)=0$ 自体の性質ではなく，パラメータ s によらない共通した性質を包絡線として見いだす手順に対応すると考えられる．

このようなタイプのくりこみ群の例では，曲線群が包絡線を持つ場合にくりこみ可能ということになる．

1.3.4 自律分散制御と階層構造

ここでは，1.2 節で議論した「仕掛け」の仮定に基づき，情報ネットワークの自律分散制御と，時間的及び空間的スケールによる階層構造の枠組みについて述べる．

1.3.1 項で議論したように，我々が扱う工学的対象では，**近接作用**とか作用の**局所性**とはいっても，数学的な一点で起こる現象ではなく，注目している観察対象を，ある特定の時間的及び空間的スケールで考えた場合の相対的なものである．したがって，観察対象をもっと拡大してミクロな構造を見ていくと異な

る性質が見えてくるかもしれない．あるスケールにおいて「自分自身と近隣の状態に関する局所的情報」を扱うとしても，拡大して細かいスケールで見れば近隣との距離は無視できなくなっていくわけである．図1.10は時間的及び空間的スケールとネットワーク構造の見え方を模式的に表現したものである．ネットワークの状態は常に変化しており，状態情報を収集するのにも時間が必要で，正しい状態情報であっても情報を集めたときには状態が変化していて，状態情報として古く，劣化した情報になってしまうことが常に起こりうる．工学的な対象をある時間的及び空間的スケールで考えることは，情報の劣化が無視できる範囲で状態情報を知ることができる情報の種類，空間的範囲，また逆に何かの動作が直接影響を与えうる空間的範囲に限定して考察することを意味している．もしそのスケールより細かいスケールで対象を見れば，また違った特性や仕掛けが見えてくる，ということになる．今，あるスケールの立場で，より細かいスケールの構造がどう見えるか考える．つまり1.3.2項と同様の見方で，マクロスケールの立場からミクロスケールを覗いてみる．

自然現象の興味深いところは，ミクロな構造が著しく異なる観測対象であって

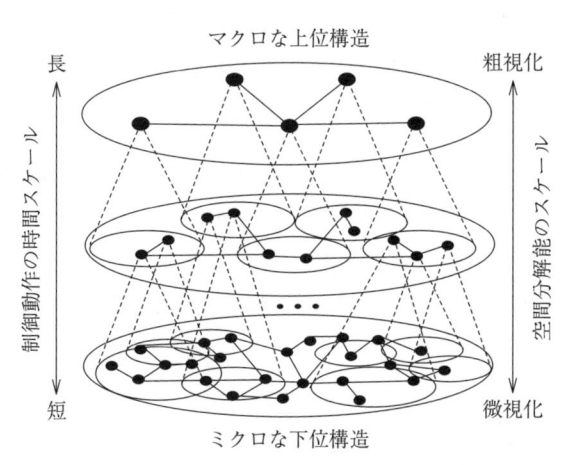

図1.10 時間的及び空間的スケールとネットワーク構造の見え方

ネットワークでは，近接作用が意味する局所性はスケールによる相対的なものである．

も，より粗いスケールで見ると本質的に同じ時間発展方程式で記述されるような例が頻出することであり，自然現象の**ユニバーサリティ**と呼ばれている[3), 15)]．例えば，2章で説明する拡散方程式では，水中に万年筆のインクを落としたときの拡散や大気中のガスの拡散など，様々な拡散現象を同一の方程式で記述することができる．同じ拡散現象とはいっても，観察対象自体はミクロレベルの構造も含めてシステムとして全く異なるものである．拡散方程式で現象を記述するとき，個々の現象によって変化するのは拡散方程式に含まれる拡散係数と呼ばれるパラメータの値のみである．つまり，観察対象のシステムとしての違いに関する情報は，全て拡散係数と呼ばれるパラメータに縮約されていると解釈することができる．この意味で，拡散方程式のような（現象論的な）ある種の時間発展方程式は，スケールによる階層構造の分離を表していると考えることができる．また，このしくみこそが，我々がこの世界を秩序立ったものとして認識できる仕掛けの大きな要因となっているのであろう．つまり，注目しているスケールで観測される現象のみを方程式で表現し，それより細かい下位スケールからのすべての影響は，方程式の係数の値としてくりこんでいると考えられる．

　もし工学的システムでもこのような階層構造が実現できれば，たとえ大規模システムのミクロな構成や詳細な状態情報を把握していなかったとしても，あるマクロスケールで観測したときのシステムの振舞いは，比較的簡単な方程式で表現できるかもしれない．また，ミクロなスケールでの様々な違いは，方程式に現れる少数のパラメータの値にくりこむことができるかもしれない．このような目論見を実現するには，情報ネットワークをマクロスケールの立場から見たときに，ミクロスケールの動作の影響がどう見えるかについての考察が必要となる．

　また，翻ってミクロスケールの立場からマクロスケールを見ると，マクロスケールの振舞いはミクロスケールでの時間発展方程式の初期条件や境界条件に直接影響を与えたり，ミクロスケールでの時間発展方程式自体を取り替えたり（自然現象としては分からないが，工学的な応用としては制御方式の切替えなどで動作が変更されることに対応）する形で，マクロスケールからの影響を

受けていると考えることができる．

　以上の考察から，本書では以下のような考え方に基づき，具体的な階層型ネットワーク制御アーキテクチャのあり方を議論していく．

- **特定のスケール階層内の動作規則の設計**　　ある時間スケールにおいて収集及び利用が可能な状態情報のみに基づき，影響の及ぶ範囲のみに何らかのアクションを起こすことを考えると，近接作用の考え方に基づく自律分散制御の枠組みとなる必要がある．
- **異なるスケール階層間で相互に及ぼされる影響の理解**　　階層間の影響は，ミクロで雑多な自由度がマクロスケールでどのように見えるのかを理解する必要があり，情報通信ネットワークにカスタマイズしたくりこみ理論（粗視化の方法とその理解）の展開が必要となる．

　ミクロスケールとマクロスケールを結び付ける方法はいろいろあり，1.3.2 項の偏微分方程式の方法はそのうちの一つである．本書では，自律分散制御と時間的及び空間的スケールによる階層制御の一貫した観点から，情報ネットワークの制御や性能評価の課題を取り扱う．

　2 章以降の構成は以下のとおりである．2 章では，偏微分方程式に基づく自律分散制御の構成法について論じる．3 章では，偏微分方程式に基づく自律分散制御の実例として，空間に特定のパターンを生成する自律分散クラスタリング技術について詳述する．4 章では，ホイヘンスの原理を利用した自律分散クラスタリング技術について述べる．3 章と 4 章では，自律分散制御の中に粗視化とスケール変換の組合せによるくりこみ変換の考え方が利用されている．5 章では，カオスを利用した自律分散制御技術について述べる．ここでは，力学系に現れるくりこみ群に通じる考え方で，システム状態の時間変化によって描かれる状態空間内の軌跡に現れるミクロ及びマクロの性質を利用している．6 章では，粗視化を利用したシステムとユーザの階層間相互作用について述べる．ここでは，ユーザの認知や行動に関する能力をパラメータとして，粗視化とスケール変換の組合せによるくりこみ変換を考察する．

1.3.5 自律分散制御と階層構造に関する若干の補足

本章の最後に，時間的及び空間的スケールによる階層構造の具体的なイメージを補足するため，階層型ネットワーク制御アーキテクチャと既存のネットワーク制御との関係でしばしば議論になってきた点を注意事項としてまとめる．

（１）　システムの障害発生時にバックアップシステムに切り替える制御について

高い信頼性が求められるシステムでは，通常運用しているシステムのほかに，そのシステムのバックアップとして同じシステムをもう一系統用意しておき，通常運用しているシステムに障害が発生したときにシステム全体を速やかにバックアップシステムに切り替える制御が行われる．通常運用するシステムを 0 系，バックアップのシステムを 1 系と呼び，0 系から 1 系への切替え処理と呼ばれることがある．この処理は空間的規模の大きなシステムの切替えを瞬時に行うので，制御の時間スケールとしてはミクロであるが空間スケールに関してはマクロであり，前述した自律分散制御の枠組みに合致せず，それゆえに時間的及び空間的スケールによる階層構造と相容れないと感じるかもしれない．しかし，制御の時間スケールとは，切替えにかかるオペレーションの時間のみではなく，そのオペレーションの実施を判断するに至るネットワーク状態の把握のための時間も含む．0 系と 1 系の切替えは，ネットワーク状態の短時間な変化に応じて頻繁に切り替えるようなものではない．空間的に大規模な構造の切替えであるがゆえに，切替えによる影響範囲が大きく，切替えが必要とされるネットワーク状態であることを十分見極めてから切替えのオペレーションが行われるはずである．その意味で，たとえ切替え時間は短時間で終了したとしても，このような切替え制御は時間的及び空間的スケールの大きな制御であるといえる．

（２）　情報ネットワークに現れる最適化問題との関連について　　ネットワークの制御問題は，組合せ最適化問題のような数学的な問題として定式化されるものも多く，その場合はシステム全体の状態を表す評価関数の値が最大または最小になるような最適解を求め，それに従った制御が行われる．例えば，ネットワーク上の経路制御問題はグラフ上の**最短経路問題** (shortest path problem) として定式化されたり，複数のファイルサーバに容量の異なる複数の映像コン

テンツを配置する問題は**ナップサック問題** (knapsack problem) として定式化されるなどの例がある．このような最適化問題には，システムの局所的な部分システムの最適解がシステム全体の最適解の一部となっている問題と，そうはならない問題があり，前者の問題については**グリーディアルゴリズム** (greedy algorithm) と呼ばれる効率的な解法が存在する．即ち，システム全体の最適化問題をサブシステムに関する複数の部分的な最適化問題に分割し，それらをうまく組み合わせることでシステム全体の最適解を得る方法である．最短経路問題はこのような問題の一例で，規模の大きなシステムでも短時間で最適解を得るアルゴリズムが知られている．一方，一般には部分的な最適解はシステム全体の最適解とは一致しないので，そのような問題に対してシステム全体の厳密な最適解が必要な場合は，問題を分割することができない．このタイプの問題には **NP 完全**と呼ばれる厳密解の求解に極めて長い時間が必要なものがあり，ナップサック問題はこのような問題の一例である．

　時間的及び空間的スケールで階層化したときの各階層の自律分散制御は，最適化問題で考えると問題の分割に対応させることができ，部分最適が全体最適と一致するような問題に対しては厳密解に到達する制御動作が実現できるかもしれない．一方で，部分最適が全体最適と一致しないタイプの問題に対しては最適解を導くことができないはずである．そのような状況で時間的及び空間的スケールによる階層構造の位置付けは，大規模システムをどのように構成するか，という考え方を与える．システム全体の最適化問題の厳密解を求めないとシステムが適切に動作しないようなシステムを作ってはいけないという考え方を与えたものと理解してもよい．そもそも，厳密解の求解に天文学的な時間のかかる最適化問題を解く意味があるとすれば，最適化問題の前提となるネットワーク状態が天文学的な時間で不変であることが必要である．ネットワーク状態が時間変動するのであれば，最適解を求めたときには前提となっていたネットワーク状態は変化してしまっており，それは「過去の最適解」であっても現在の「最適解」ではないからである．また，仮に最適解が分かったとしても，現時点のネットワーク状態から最適解が表すネットワーク状態に状態変化を行うと

きに生じる損失についても考慮が必要である．現時点の状態とは大きく異なったネットワーク状態を実現するためには，状態を移行させる時間が必要で，その間のネットワーク状態は最適解ではない過渡的な状態となる．最適解が求まるたびに新たな最適解の状態に向けた遷移を繰り返すなら，システムが過渡状態に存在する時間に起こるであろう損失についても考慮すべきである．時間的及び空間的スケールによる階層構造では，自律分散制御が必ずしもシステム全体の最適解を与えることはないかもしれないが，状態変化は連続的で，ネットワーク状態の変化に即応し，常に準最適な状態を維持しつつ滑らかに変化するような動的な制御を目指している．つまり，ある時点のネットワーク状態に対する最適解というより，ネットワークの状態を長時間で見たときに，準最適解を滑らかに結ぶような状態変化の履歴を表す軌跡が，長時間の意味でよい振舞いを実現するように制御することを目指している．

章 末 問 題

【1】 式 (1.1) の右辺第1項の $-\int_{-\infty}^{\infty} w(x,r,t)\,p(x,t)\,dr$ には，$p(x,t)$ の減少要因として遷移量 $r=0$ で点 x に留まる量も含まれた形になっている．これで問題がないのはなぜか答えよ．

【2】 $c_0(x,t) = c$（定数）として $\partial p(x,t)/\partial t = c\,p(x,t)$ のとき，$p(x,t)$ はどのような関数になるか答えよ．

【3】 n 次元の格子グラフ上での離散化されたラプラス方程式を考え，グラフ上の調和関数の意味を考察せよ．

【4】 1.3.3 節（2）のくりこみ変換において，2×2 の4個の碁石からなるブロックの粗視化の変換として以下のルールを採用する．

- ブロックに3個以上黒石が含まれていたら，そのブロックを一つの黒石で置き換える．
- ブロックに含まれる黒石が1個以下なら，そのブロックを一つの白石で置き換える．
- ブロックに含まれる黒石が2個なら，そのブロックを確率 $1/2$ で一つの黒石か白石に置き換える．

このとき，碁盤を遠くから見たときの見え方をくりこみ変換を用いて分析せよ．

【5】 以下について答えよ.

- $c > 0$ を定数, $s > 0$ をパラメータとしたとき, 放物線の方程式

$$g(\boldsymbol{x}; s) := s\,x^2 - y + \frac{c^2}{s} = 0$$

からなる曲線群 $\{g(\boldsymbol{x}; s) = 0\}_s$ の包絡線を求めよ.

- $0 < s < \pi/2$ をパラメータとしたとき, 直線の方程式

$$g(\boldsymbol{x}; s) := (x-1)\sin s + (y-1)\cos s - 1 = 0$$

からなる曲線群 $\{g(\boldsymbol{x}; s) = 0\}_s$ の包絡線を求めよ.

- $0 < c < 1$ を定数, s をパラメータとしたとき, 円の方程式

$$g(\boldsymbol{x}; s) := (x-s)^2 + y^2 - c\,s^2 = 0$$

からなる曲線群 $\{g(\boldsymbol{x}; s) = 0\}_s$ の包絡線を求めよ.

第2章

偏微分方程式に基づく自律分散制御

1章では,ミクロスケールとマクロスケールの状態を結び付ける方法の一つとして,偏微分方程式が利用できることを述べた.本章では,偏微分方程式に基づく自律分散制御技術の枠組みと,その応用例について考察する.

2.1 局所動作規則と偏微分方程式

偏微分方程式を情報ネットワークの自律分散制御に応用するとき,偏微分方程式は情報ネットワーク内の局所的な動作規則を表すことになる.本節では,自律分散制御に応用する立場から,関連する偏微分方程式についての物理的意味や解の性質を考察する.

2.1.1 連 続 の 式

時刻 t において,1次元空間上に分布した量を表す滑らかな密度関数を $p(x,t)$ とし,区間 $(x, x+\Delta x]$ を考える.区間 $(x, x+\Delta x]$ に含まれる量は図 **2.1** の灰色部分の面積で,区間長 Δx が十分短ければ

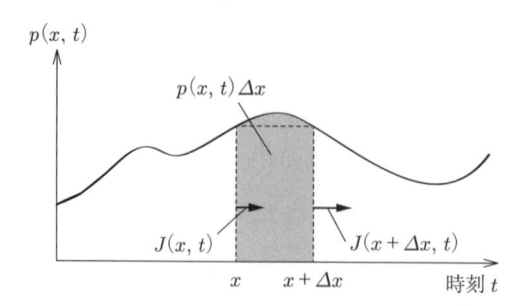

図 **2.1** 1次元に分布した量の移動による時間変化

$$\int_x^{x+\Delta x} p(y,t)\,dy = p(x,t)\,\Delta x + o(\Delta x)$$

となる.ここで,$p(x,t)\,\Delta x$ は点線で囲まれた長方形部分の面積であり,$o(\Delta t)$ は $\Delta t \to 0$ で Δt よりも速く 0 になる量,つまり

$$\lim_{\Delta t \to 0} \frac{o(\Delta t)}{\Delta t} = 0$$

となる量を表す.次に $p(x,t)$ の移動に関する量として,右方向を正の方向とする 1 次元空間上のベクトル $J(x,t)$ を考える.$J(x,t)$ を位置 x,時刻 t における $p(x,t)$ の右方向への単位時間当りの移動量であるとすると,時刻 t から $t+\Delta t$ の間に位置 x を移動する量は $J(x,t)\,\Delta t + o(\Delta t)$ となる.図の灰色部分の面積の変化は,左右の境界において流入・流出する移動量で決まるから

$$p(x,t+\Delta t)\,\Delta x - p(x,t)\,\Delta x = -[J(x+\Delta x,t)\,\Delta t - J(x,t)\,\Delta t] + o(\Delta x \Delta t)$$

となる.整理すると

$$\frac{p(x,t+\Delta t) - p(x,t)}{\Delta t} = -\frac{J(x+\Delta x,t) - J(x,t)}{\Delta x} + \frac{o(\Delta x \Delta t)}{\Delta x \Delta t}$$

となる.ここで,$\Delta t \to 0, \Delta x \to 0$ とすると

$$\frac{\partial p(x,t)}{\partial t} = -\frac{\partial J(x,t)}{\partial x} \tag{2.1}$$

を得る.式 (2.1) は**連続の式** (equation of continuity) と呼ばれる.この式は,密度関数 $p(x,t)$ の時間変化が連続的な移動のみで起き,遠くの点への瞬間移動を含まないこと(つまり近接作用的であること)と,生成・消滅を伴わないことを表している.

2.1.2 拡散方程式

連続の式 (2.1) に現れる単位時間当りの移動量を表す 1 次元ベクトル $J(x,t)$ の具体的な形として,どのようなものが考えられるであろうか.試しに最も単純な例として c を定数として

2. 偏微分方程式に基づく自律分散制御

$$J(x,t) = c$$

のように与える．これを連続の式 (2.1) に代入すると，密度関数 $p(x,t)$ の時間発展方程式が

$$\frac{\partial p(x,t)}{\partial t} = 0$$

のように得られる．この式から，解は

$$p(x,t) = p(x,0)$$

となる．この様子を図示したものが**図 2.2**(a) である．つまり，移動量が場所や時間によらず一定なら，ある点から流出した分だけ反対方向から補給されるため，初期の密度関数 $p(x,0)$ は時間が経過しても変化しない．

次の例として

$$J(x,t) = c\,p(x,t) \tag{2.2}$$

(a) $J(x,t) = c$ の場合

(b) $J(x,t) = cp(x,t)$ の場合

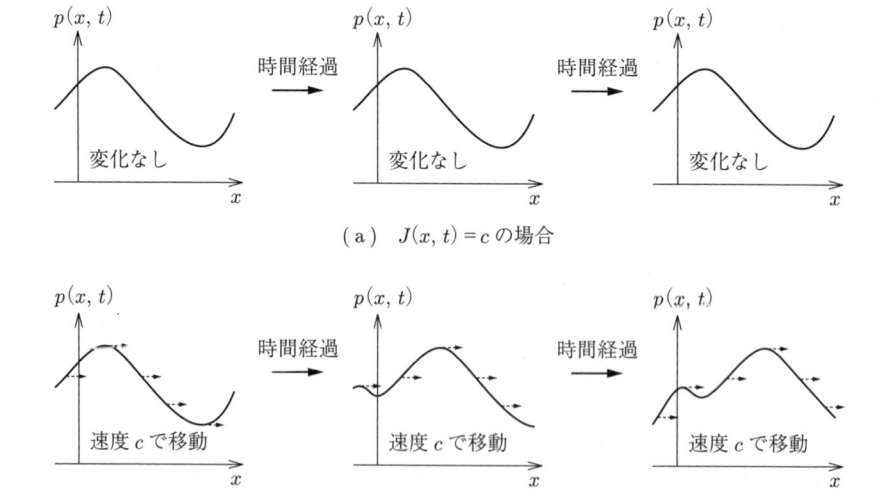

図 **2.2** $J(x,t)$ の簡単な例に対する密度関数 $p(x,t)$ の時間発展

とする．これを連続の式 (2.1) に代入すると，密度関数 $p(x,t)$ の時間発展方程式が

$$\frac{\partial p(x,t)}{\partial t} = -c\frac{\partial p(x,t)}{\partial x} \tag{2.3}$$

のように得られる．これは**移流方程式** (advection equation) と呼ばれる．移流方程式 (2.3) の解を求めるために，$p(x,t) = u(t)\,v(x)$ になると仮定して**変数分離形**に直すと

$$\frac{1}{u(t)}\frac{du(t)}{dt} = -c\frac{1}{v(x)}\frac{dv(x)}{dx}$$

となる．両辺はそれぞれ t と x の関数なので，この等式は両辺が定数になることを示している．定数の値を a とすれば

$$p(x,t) \propto \exp\left[-\frac{a}{c}(x-ct)\right]$$

となる．また，$p(x,t) = u(t) + v(x)$ になると仮定して変数分離形にすると

$$\frac{du(t)}{dt} = -c\frac{dv(x)}{dx}$$

となり，やはり両辺は定数となるはずである．その値を a とすれば

$$p(x,t) = -\frac{a}{c}(x-ct) + \text{const.}$$

となる．いずれの場合も $x - ct$ の関数になっている．そこで，変数分離できないような場合も考慮しながら，変数変換 $y = x - ct$ を行って，独立変数の組みを (x,t) から (y,t) に変更し

$$f(y,t) := p(y + ct, t) = p(x,t)$$

となる関数 $f(y,t)$ を考える．

$$\begin{aligned}\frac{\partial f(y,t)}{\partial t} &= \frac{\partial(y+ct)}{\partial t}\frac{\partial p(y+ct,t)}{\partial x} + \frac{\partial p(y+ct,t)}{\partial t}\\ &= c\frac{\partial p(y+ct,t)}{\partial x} + \frac{\partial p(y+ct,t)}{\partial t} = 0\end{aligned}$$

となり、関数 $f(y,t)$ は y のみの関数であることが分かる。したがって、移流方程式 (2.3) の解 $p(x,t)$ は、滑らかな関数 $f(x)$ に対して

$$p(x,t) = f(x - ct)$$

で得られる。この解は、初期分布 $p(x,0) = f(x)$ がその後も形を保ったまま、速度 c で移動するものであることが分かる。この様子を図示したものが図 2.2 (b) である。

それでは次に、$J(x,t)$ が $p(x,t)$ の勾配に比例するように決めて

$$J(x,t) = -\kappa \frac{\partial p(x,t)}{\partial x} \tag{2.4}$$

とする。ここで、$\kappa > 0$ とする。これを**フィックの法則** (Fick's law) と呼ぶ。物理的な意味を書けば、密度関数の変化を引き起こす移動は密度の高い方向から低い方向に向かって起こり、その大きさは密度関数の勾配に比例するということを表している。つまり、密度の変化が大きいところでは移動率が高く、密度の変化が少ない場所では移動率が低い。これを連続の式 (2.1) に代入すると

$$\frac{\partial p(x,t)}{\partial t} = \kappa \frac{\partial^2 p(x,t)}{\partial x^2} \tag{2.5}$$

となり、$p(x,t)$ の時間変化が $p(x,t)$ の空間変数に関する 2 階微分で表される。式 (2.5) は**拡散方程式** (diffusion equation) と呼ばれ、パラメータ κ は**拡散係数** (diffusion coefficient) と呼ばれる。

$J(x,t)$ の具体的な形として $p(x,t)$ の x に関する 2 階以上の高階微分を含んだものも考えられるが、その際に $J(x,t)$ を連続の式 (2.1) に代入した結果得られる時間発展方程式は、空間変数に関して 3 階以上の高階微分を含んでしまう。1.3.2 項の議論から、任意のネットワークトポロジーで解釈可能なのは 2 階の微分を含んだ時間発展方程式なので、ここでは式 (2.4) より複雑な $J(x,t)$ は考えない。

2.1.3 拡散方程式の解

（1） 境 界 条 件　　拡散方程式 (2.5) を解くに当たり、**境界条件**として

$$p(x,t)|_{x \to \pm\infty} = 0 \tag{2.6}$$

及び

$$\left.\frac{\partial p(x,t)}{\partial x}\right|_{x \to \pm\infty} = 0 \tag{2.7}$$

を考える.後者の条件は密度関数の全空間での積分値が保存すること

$$\begin{aligned}
\frac{\partial}{\partial t}\int_{-\infty}^{\infty} p(x,t)\,dx &= \int_{-\infty}^{\infty} \frac{\partial p(x,t)}{\partial t}\,dx \\
&= \kappa \int_{-\infty}^{\infty} \frac{\partial^2 p(x,t)}{\partial x^2}\,dx \\
&= \kappa \left[\frac{\partial p(x,t)}{\partial x}\right]_{-\infty}^{\infty} \\
&= 0 \tag{2.8}
\end{aligned}$$

を意味する.より正確には積分値が保存するだけでなく,1次元空間の無限遠で外部とのやりとりがなく孤立していることを示している.

(2) フーリエ変換を用いた拡散方程式の解法 拡散方程式 (2.5) の解について調べる.$p(x,t)$ を**フーリエ変換** (Fourier transformation) $\widehat{p}(\omega,t)$ を用いてフーリエ逆変換の形で表すと

$$p(x,t) = \frac{1}{\sqrt{2\pi}} \int_{-\infty}^{\infty} \widehat{p}(\omega,t)\,e^{i\omega x}\,d\omega \tag{2.9}$$

となる.式 (2.9) を 式 (2.5) に代入すると

$$\int_{-\infty}^{\infty} \left[\frac{\partial \widehat{p}(\omega,t)}{\partial t} + \kappa\,\omega^2\,\widehat{p}(\omega,t)\right] e^{i\omega x}\,d\omega = 0$$

となり,これが任意の x に対して成り立つとすれば

$$\frac{\partial \widehat{p}(\omega,t)}{\partial t} + \kappa\,\omega^2\,\widehat{p}(\omega,t) = 0 \tag{2.10}$$

となる必要がある.式 (2.10) は,与えられた ω に対して時刻 t に関する 1 変数の**常微分方程式**であるので,一つの偏微分方程式 (2.5) が,フーリエ変換に

よって無限個の常微分方程式 (2.10) の組みに書き換えることができたことになる．式 (2.10) の解は

$$\widehat{p}(\omega, t) = C(\omega)\, e^{-\kappa \omega^2 t} \tag{2.11}$$

となる．ここで，$C(\omega)$ は与えられた ω に対して定まる定数である．式 (2.11) を式 (2.9) に代入すれば

$$p(x, t) = \frac{1}{\sqrt{2\pi}} \int_{-\infty}^{\infty} C(\omega)\, e^{i\omega x - \kappa \omega^2 t}\, d\omega \tag{2.12}$$

となる．式 (2.12) に現れる $C(\omega)$ を**初期条件**を用いて書き直す．式 (2.12) で $t = 0$ として初期条件を表すと

$$p_0(x) := p(x, 0) = \frac{1}{\sqrt{2\pi}} \int_{-\infty}^{\infty} C(\omega)\, e^{i\omega x}\, d\omega$$

のように $C(\omega)$ のフーリエ逆変換の形が得られるので，これを逆変換することにより

$$C(\omega) = \frac{1}{\sqrt{2\pi}} \int_{-\infty}^{\infty} p_0(x)\, e^{-i\omega x}\, dx$$

を得る．これを式 (2.12) に代入して

$$p(x, t) = \frac{1}{2\pi} \int_{-\infty}^{\infty} \int_{-\infty}^{\infty} p_0(y)\, e^{i\omega(x-y) - \kappa \omega^2 t}\, dy\, d\omega \tag{2.13}$$

を得る．ここで，指数関数の肩を ω に関する完全平方と ω を含まない項に分けると

$$\kappa \omega^2 t - i\omega(x - y) = \kappa t \left(\omega - \frac{i(x-y)}{2\kappa t} \right)^2 + \frac{(x-y)^2}{4\kappa t}$$

となるから

$$p(x, t) = \frac{1}{2\pi} \int_{-\infty}^{\infty} p_0(y)\, e^{-\frac{(x-y)^2}{4\kappa t}} \left[\int_{-\infty}^{\infty} e^{-\kappa t \left(\omega - \frac{i(x-y)}{2\kappa t} \right)^2}\, d\omega \right] dy \tag{2.14}$$

となる．ここで，ω に関する積分は，$u := \omega - i(x-y)/(2\kappa t)$ と変数変換して，$du = d\omega$ より

2.1 局所動作規則と偏微分方程式

$$\int_{-\infty}^{\infty} e^{-\kappa t \left(\omega - \frac{i(x-y)}{2\kappa t}\right)^2} d\omega = \int_{-\infty}^{\infty} e^{-\kappa t u^2} du = \sqrt{\frac{\pi}{\kappa t}}$$

となる．最後の等式は**ガウス積分**

$$\int_{-\infty}^{\infty} e^{-\alpha x^2} dx = \sqrt{\frac{\pi}{\alpha}} \qquad (\alpha > 0)$$

を用いた．以上から式 (2.13) は

$$p(x, t) = \frac{1}{2\sqrt{\pi \kappa t}} \int_{-\infty}^{\infty} p_0(y) e^{-\frac{(x-y)^2}{4\kappa t}} dy \tag{2.15}$$

$$= \int_{-\infty}^{\infty} N(x - y, 2\kappa t) p_0(y) dy \tag{2.16}$$

となる．ここで，$N(x - y, 2\kappa t)$ は平均 y, 分散 $2\kappa t$ の**正規分布**の**確率密度関数**であり，一般に平均 μ, 分散 σ^2 の正規分布の確率密度関数は

$$N(x - \mu, \sigma^2) := \frac{1}{\sqrt{2\pi\sigma^2}} e^{-\frac{(x-\mu)^2}{2\sigma^2}} \tag{2.17}$$

である．

（3）デルタ関数を初期状態とした拡散方程式の解 初期条件をディラック (Dirac) の**デルタ関数** (delta function) を用いて

$$p_0(x) := p_0(x, 0) = \delta(x - x_0) \tag{2.18}$$

とする．ここで，ディラックのデルタ関数とは

$$\delta(x) = \begin{cases} \infty & (x = 0) \\ 0 & (x \neq 0) \end{cases} \tag{2.19}$$

であって

$$\int_{-\infty}^{\infty} \delta(x) dx = 1 \tag{2.20}$$

となるような関数である．これの物理的な意味は以下のようなものである．

図 **2.3** (a) のように，原点の周囲に底辺 $1/x$, 高さ x の長方形を考える．こ

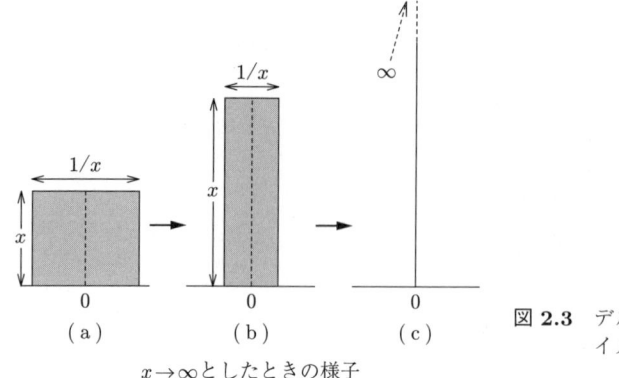

図 **2.3** デルタ関数の物理的イメージ

(a) (b) (c) $x \to \infty$ としたときの様子

の状態で x を大きくしていくと，長方形の底辺が短くなりつつ高さが増大する．しかし，この操作によって長方形の面積は不変で 1 のままである．$x \to \infty$ の極限をとると，形式的に底辺の長さが 0，高さが無限大で面積が 1 となるような図形が得られる．これが $\delta(x)$ の図形的なイメージである．もし $p(x)$ がある確率変数 X の確率密度関数だとすると，$p(x) = \delta(x)$ の意味は $X = 0$ となる確率が 1 である状況を表している．

式 (2.18) の初期条件は，時刻 $t = 0$ において $x = x_0$ の点に全て存在していることを示す．$p(x, t)$ が確率密度関数であれば，時刻 $t = 0$ において $x = x_0$ の点に確率 1 で存在する状態を表す．デルタ関数の性質

$$\int_{-\infty}^{\infty} \delta(x - x_0) f(x) \, dx = f(x_0)$$

を用いると，式 (2.15) は

$$\begin{aligned}
p(x, t) &= \frac{1}{2\sqrt{\pi \kappa t}} \int_{-\infty}^{\infty} \delta(y - x_0) e^{-\frac{(x-y)^2}{4\kappa t}} \, dy \\
&= \frac{1}{2\sqrt{\pi \kappa t}} e^{-\frac{(x-x_0)^2}{4\kappa t}} = N(x - x_0, 2\kappa t)
\end{aligned} \tag{2.21}$$

となり，平均 x_0，分散 $2\kappa t$ の正規分布になる．これは，密度関数 $p(x, t)$ の時間発展が，初期位置 x_0 を中心とした正規分布になり，その分散が経過時間に

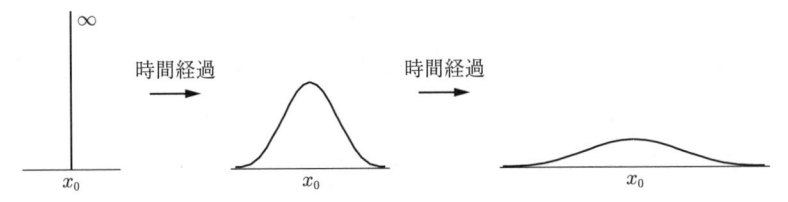

図 2.4 初期条件をデルタ関数としたときの拡散方程式の解

比例して増大するように振る舞うことを示している（図 2.4）．

（４）　**一般の初期分布に対する拡散方程式の解**　拡散方程式は**線形方程式**であるので，$p_1(x,t)$ と $p_2(x,t)$ がともに同一の拡散方程式の解であれば，その線形結合 $\alpha p_1(x,t)+\beta p_2(x,t)$ も同じ拡散方程式の解になる．この性質のことを**重ね合わせの原理** (principle of superposition) が成り立つという．この観点から式 (2.21) と式 (2.16) を見比べると，式 (2.16) は初期分布と正規分布の畳込み積分の形になっている．このことから，初期状態での分布 $p_0(x)$ の時間発展は，各点での分布値がそれぞれ正規分布として拡散し，全体の分布はその重ね合わせとなっている，ということを意味していることが分かる．図 2.5 はある初期分布を与えたときの拡散方程式の解の時間発展の様子の例である．時間とともに初期分布の形状が持つ特徴が失われていき，平滑化されていく様子が分かる．

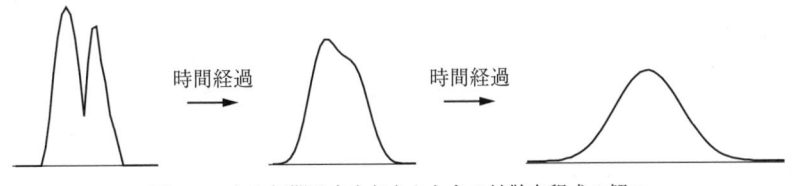

図 2.5　ある初期分布を与えたときの拡散方程式の解の時間発展の様子の例

2.2　偏微分方程式に基づく自律分散制御の構成法

偏微分方程式に基づく自律分散制御の基本的な考え方を示すとともに，拡散方程式を例にして差分化した場合の注意事項を説明する．

2.2.1 偏微分方程式に基づく自律分散制御

（ 1 ） 偏微分方程式に基づく自律分散制御の考え方 2.1.3 項で見たように，拡散方程式 (2.5) の解 (2.16) は図 2.5 のように滑らかに平滑化していく．このような平滑化は，自律分散的な局所動作によって実現しており，システム全体を統括する存在は仮定していない．つまり，システム全体の状態が滑らかに平滑化していくように直接指示している「指揮者」は存在しない．このことは，自律分散的な局所動作の集まりが，結果としてシステム全体に関するある種の秩序や調和を生み出していると解釈できる[16]．このことを工学的な見地から解釈して**自律分散制御**との関係を考察する．

時間発展方程式が拡散方程式となる本質的な要因は，**フィックの法則** (2.4) である．フィックの法則において，$J(x,t)$ は各点 x での密度関数 $p(x,t)$ の移動に関する規則を表すもので，点 x の周りの局所的な情報のみで決まっている．これと同様の操作を情報ネットワーク内部で実施しようとした場合，$J(x,t)$ に対応するものはノード x での何らかの量に関する移動規則であり，それはノード x とその隣接ノードのみで決定できることを意味している．ノードが周囲の局所的な情報のみで動作を決定して行動を起こすことに対応することから，$J(x,t)$ を**局所動作規則**と呼ぶ．

この局所動作規則に基づいて各ノードが動作するとしたとき，それが自律分散制御として意味のある結果に結び付いてほしい．ここで考えている自律分散制御とは，情報ネットワーク内の個々のノードが局所動作規則に基づいて自律分散的に行った動作が，間接的にシステム全体の秩序に結び付く枠組みである．

局所動作規則がフィックの法則で与えられたとき，情報ネットワーク全体の状態 $p(x,t)$ は拡散方程式の解として，滑らかな秩序ある振舞いを示すはずである．つまり，実際に実現するシステム全体の状態は，局所動作規則 $J(x,t)$ を連続の式と組み合わせることで得られる時間発展方程式の解 $p(x,t)$ に対応している．このように，近接作用に基づく自律分散制御の基本的な考え方は，偏微分方程式の意味している局所動作規則と偏微分方程式の解を，それぞれミクロレベルにおける自律分散的な局所動作とマクロレベルのシステム全体の状態

に結び付けることがポイントで，これにより，ミクロレベルにおける自律分散的な局所動作によって，間接的にマクロレベルの状態を望ましい方向に導くことを意図している[4),5)]．

（2） 自律分散制御の構成手順　　以上の考察から，偏微分方程式に基づく自律分散制御は，図 2.6 の手順で構成することができる．

> 1. 対象とするシステムが全体として持つべき性質を考え，そのような性質を持つ関数を選び，同時にその関数を解に持つ**偏微分方程式**（で表された**時間発展方程式**）を特定する．
> 2. 特定した偏微分方程式が記述している**局所動作規則**を特定する．
> 3. 特定した局所動作規則に基づいてノードの動作規則を決定する．これにより，各ノードがそれぞれの局所情報に基づいて自律分散的に動作したとしても，システム全体の性能は偏微分方程式の解としての望ましい状態が出現する．

図 2.6　偏微分方程式に基づく自律分散制御技術の構成手順

拡散方程式の場合の例を図の手順と対応させながら確認する．まず，システム全体の持つべき性質として，状態の平滑化が必要であったとしよう．このとき，時間とともに平滑化する関数として式 (2.16) で与えられる正規分布に基づいて平滑化するものを選び，この関数を解に持つ偏微分方程式として**拡散方程式** (2.5) を特定する．ここまでが図の第 1 ステップである．

次に，拡散方程式 (2.5) と**連続の式** (2.1) から，ノードの局所動作規則 $J(x, t)$ を決める．拡散方程式の場合には**フィックの法則** (2.4) となる．これが図の第 2 ステップである．

最後に，フィックの法則 (2.4) に従ってノードの動作規則を決めてやれば，ノードの自律分散的な動作の結果，システム全体の持つべき性質として当初望んだ状態が実現する．

2.2.2　離散化に伴う注意事項

（1） 拡散方程式の差分方程式化　　実際の情報ネットワークでは，有限個のノードが離散的に配置され，制御のタイミングも離散的な時刻で行われる．こ

のため，微分方程式を離散化することで**差分方程式**に置き換えて考える必要がある．時間と空間のステップを Δt 及び Δx として，拡散方程式 (2.5) を離散化すると，以下のようになる．

$$\frac{p(x, t + \Delta t) - p(x, t)}{\Delta t} = \kappa \frac{p(x + \Delta x, t) - 2p(x, t) + p(x - \Delta x, t)}{(\Delta x)^2} \tag{2.22}$$

1次元ネットワーク内のノードを k ($k = 0, 1, \cdots, n$) で表し，k 番目のノードの位置座標を x_k とする．ここで，ノード間隔は全て Δx である．つまり $x_k - x_{k-1} = \Delta x$ である．また l 番目の離散時刻を t_l ($l = 0, 1, \cdots$) とし，時間間隔は $t_{l+1} - t_l = \Delta t$ とする．

次に，以下に示すような**境界条件**

$$p(x_0, t) = p(x_n, t) = 0 \tag{2.23}$$

を考える．このとき，$p(x_k, t_l)$ は**フーリエ級数**で

$$p(x_k, t_l) = \sum_{m=0}^{\infty} \widehat{p}_m(x_k, t_l) \tag{2.24}$$

となる．ここで

$$\widehat{p}_m(x_k, t_l) = A(m, l) \sin\left(\frac{km\pi}{n}\right) \tag{2.25}$$

であり，$A(m, l)$ は時間に依存する係数である．

式 (2.25) を離散化された拡散方程式 (2.22) に代入して整理すると

$$A(m, l+1) = A(m, l) \left(1 - \frac{4\kappa \Delta t}{(\Delta x)^2} \sin^2 \frac{m\pi}{2n}\right) \tag{2.26}$$

となり，一般に

$$A(m, l) = A(m, 0) \left(1 - \frac{4\kappa \Delta t}{(\Delta x)^2} \sin^2 \frac{m\pi}{2n}\right)^l \tag{2.27}$$

を得る．したがって

2.2 偏微分方程式に基づく自律分散制御の構成法

$$\widehat{p}_m(x_k, t_l) = A(m,0) \left(1 - \frac{4\kappa \Delta t}{(\Delta x)^2} \sin^2 \frac{m\pi}{2n}\right)^l \sin\left(\frac{km\pi}{n}\right) \quad (2.28)$$

である．$\widehat{p}_m(x_k, t_l)$ が時間が経過しても発散しないためには

$$\left|1 - \frac{4\kappa \Delta t}{(\Delta x)^2} \sin^2 \frac{m\pi}{2n}\right| \leq 1 \quad (2.29)$$

となる必要がある．このことから，**拡散係数** κ の範囲は

$$0 \leq \kappa \leq \frac{1}{2} \frac{(\Delta x)^2}{\Delta t} \quad (2.30)$$

となる必要があることが分かる．

次に，離散的なノード k の分布量と密度関数 $p(x_k, t_l)$ の関係について考える．離散時刻 t_l における離散的なノード k の分布量を $P_{k,l}$ とする．図 **2.7** のようにノードの分布量 $P_{k,l}$ と位置 x_k での密度関数 $p(x_k, t_l)$ の関係は

$$P_{k,l} = p(x_k, t_l) \Delta x \quad (2.31)$$

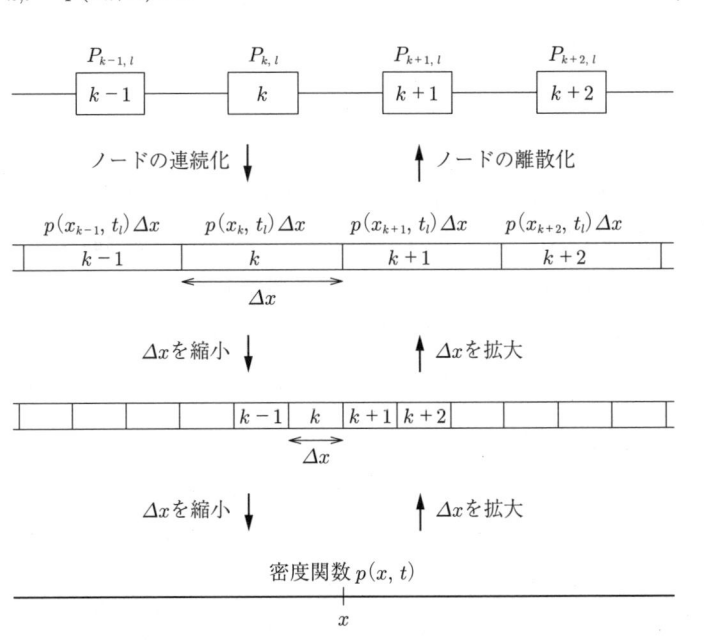

図 **2.7** ノードの分布量 $P_{k,l}$ と位置 x_k での密度関数 $p(x_k, t_l)$ の関係

である．離散化された拡散方程式 (2.22) を $p(x_k, t_l)$ で書き直して

$$\frac{p(x_k, t_{l+1}) - p(x_k, t_l)}{\Delta t} = \kappa \frac{p(x_{k+1}, t_l) - 2\,p(x_k, t_l) + p(x_{k-1}, t_l)}{(\Delta x)^2}$$

として，両辺に Δx を掛けて離散的なノードの分布量 $P_{k,l}$ に置き換えると

$$P_{k,l+1} - P_{k,l} = \mathcal{D}\,(P_{k+1,l} - 2\,P_{k,l} + P_{k-1,l}) \tag{2.32}$$

となる．ここで

$$\mathcal{D} := \kappa\,\frac{\Delta t}{(\Delta x)^2} \tag{2.33}$$

である．差分方程式 (2.32) は離散的なノードの分布量で書いた拡散方程式で，現実の情報ネットワークの自律分散制御ではこの形で用いられる．また $\mathcal{D}$ は差分化した拡散方程式の拡散係数である．

局所動作規則に対応するノードの分布量の移動規則は，制御の動作時点ごとにノード k から $k+1$ 方向に向けて

$$\mathcal{J}_l^{[k \to k+1]} := -\mathcal{D}\,(P_{k+1,l} - P_{k,l}) \tag{2.34}$$

だけの分布量を移動させる．$\mathcal{J}_l^{[k \to k+1]}$ の値が負の場合は逆方向でノード $k+1$ から k 方向への移動となる．つまり，隣接ノードの分布値の高いほうから低いほうに向けて，分布の差に比例した分布量の移動を起こすことに対応している．図 **2.8** は拡散係数 $\mathcal{D} = 1/8$ の場合の分布の変化の例を図示したものである．隣接ノードとの差分に比例した分布量が高いほうから低いほうに移動することで，分布の拡散が進んでいく．

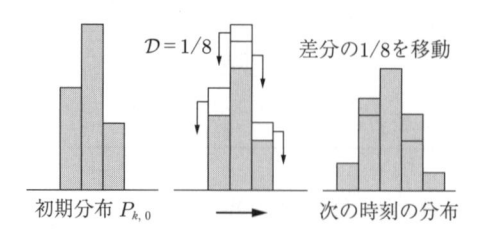

図 **2.8** 拡散係数 $\mathcal{D} = 1/8$ の場合の分布の変化の例

離散化した拡散方程式の拡散係数 $\mathcal{D}$ は，式 (2.30) と式 (2.34) から

$$0 \leqq \mathcal{D} \leqq \frac{1}{2} \tag{2.35}$$

となることが分かる．$\mathcal{D}$ は**無次元量**（単位のない量）なので，空間や時間の単位のとり方によらない定数として決めることができる．

拡散係数の制限は以下のように理解することができる．図 **2.9** に示すような初期分布で $\mathcal{D} = 1/2$ の場合を考える．$\mathcal{D} = 1/2$ なら 1 回の移動のステップで分布量の全てが隣接ノードに移動する．このため $\mathcal{D} > 1/2$ となると，移動する分布量が足りず，負になってしまう．

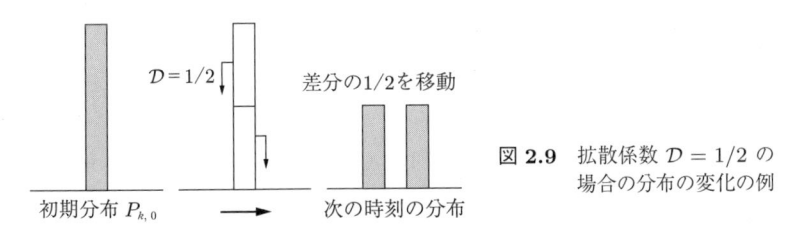

図 **2.9** 拡散係数 $\mathcal{D} = 1/2$ の場合の分布の変化の例

1 次元ネットワークでは隣接ノードが二つあるので $\mathcal{D} \leqq 1/2$ であったが，n 次元の格子ネットワークでは隣接ノードが $2n$ であるので $\mathcal{D} \leqq 1/(2n)$ となる．更に一般化すると，**ノードの次数**（ノードに接続されているリンクの数）を d とすれば

$$\mathcal{D} \leqq \frac{1}{d} \tag{2.36}$$

となる．

（**2**）　**離散化した場合の拡散係数の決定法**　　拡散係数 $\mathcal{D}$ の決定について具体的な方法を考える．

$\mathcal{D}$ の値を，条件 (2.36) を破って大きく設定したとしよう．すると図 2.9 から分かるように，移動させる分布量が足りなくなることが起こりうる．このとき，分布量を負にするのではなく，ないものは移動できないとして，分布量が 0 になったら移動が起きないとする．そうすれば分布の勾配が無制限に増大するこ

とはないので，2.2.2 項（1）で懸念されるような発散が起こることはない．とはいえ，移動させる分布量が足りなくなると勾配に比例した移動が起こらなくなるので，偏微分方程式で期待される動作を実現しなくなる可能性がある．

条件 (2.36) を満たす**拡散係数** $\mathcal{D}$ の設計法として，以下の二つの方法が考えられる．

- ノードの最大次数 $d_{\max}$ を利用して決める．
- ノードの次数を考慮して，ノードごと又はリンクごとに適切な値を設定する．

第1の方法からその特徴を見ていく．ネットワーク内のノード i の次数を d_i とする．**最大次数**とは，ノードの次数が最も大きいノードが持つ次数

$$d_{\max} := \max_{i \in V} d_i$$

である．ここで，V はネットワーク内のノードの集合である．拡散係数 $\mathcal{D}$ を

$$\mathcal{D} \leq \frac{1}{d_{\max}} \tag{2.37}$$

ととることで，任意のノード i の次数に対して

$$\mathcal{D} \leq \frac{1}{d_i} \quad (\forall i \in V) \tag{2.38}$$

が成り立つ．

これを実現するためには最大次数 $d_{\max}$ の値を知る必要があるが，そのためには全てのノードについて次数の情報が必要であり，それは局所情報ではないことに注意が必要である．最大次数を制御に利用できる状況の例として，**ネットワークトポロジーが固定である場合**が挙げられる．この場合は最大次数の情報は不変であるので，あらかじめその情報を知っておけば利用可能な情報である．

その他の状況としては，現実問題として最大次数の上限が制限されているような場合である．後述するアドホックネットワークやセンサネットワークでは，2 次元平面上に配置された無線ノード同士が電波到達範囲にあるとリンクが張られる形でネットワークトポロジーが決まる．この場合，現実的に起こりうる

2.2 偏微分方程式に基づく自律分散制御の構成法

最大次数が想定できる可能性があり，その値を $d_{\max}$ として拡散係数 $\mathcal{D}$ を設計すれば，実質的に条件 (2.38) を満たすことができる．

続いて，ノードごと又はリンクごとに拡散係数の値を変える 2 番目の方法について考える．まずは，拡散係数 $\mathcal{D}$ が引き起こす分布量の移動の性質を調べる．図 2.10〜図 2.13 に拡散係数の働きと設計方法をそれぞれ示す．図 2.10 は，三つのノードからなるネットワークで，初期状態で真ん中のノードのみが分布量を持っている状況を調べたものである．拡散係数を $\mathcal{D} = 1/3$ とすると，次の時刻で分布量の差の $1/3$ が隣接ノードに移動し，一度の移動で分布量が均等に配置される．ここで $\mathcal{D} = 1/3$ の設定は，真ん中のノードのノードの次数 $d = 2$ に対して $\mathcal{D} = 1/(d+1)$ としたものである．

図 2.10 拡散係数の働きと設計方法 (その 1)

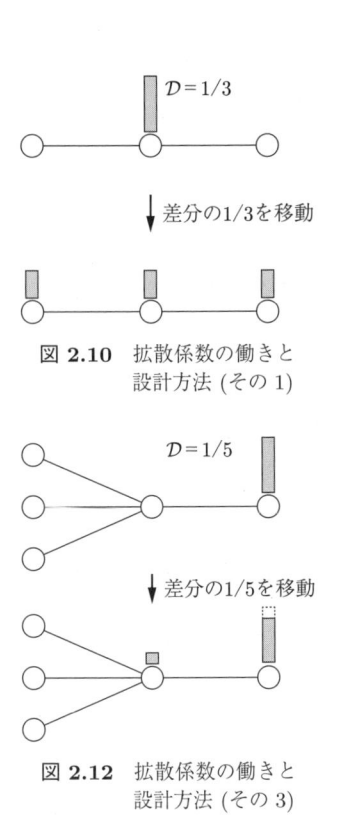

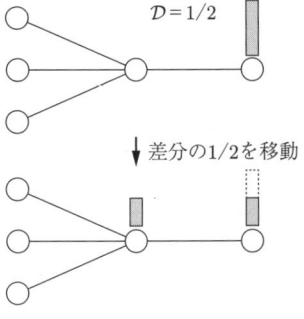

図 2.11 拡散係数の働きと設計方法 (その 2)

図 2.12 拡散係数の働きと設計方法 (その 3)

図 2.13 拡散係数の働きと設計方法 (その 4)

次に図 2.11 のネットワークを考える.真ん中のノードの次数が $d=4$ であるから,拡散係数を $\mathcal{D}=1/5$ とすると,先ほどの例と同様に,初期時刻で中心のノードのみにあった分布量が次の時刻で各ノードに均等に配置される.

同じネットワークモデルで拡散係数を $\mathcal{D}=1/5$ としたまま,右のノードのみが分布量を持っている状況を考える.その場合,図 2.12 に示すように次の時刻に移動する分布量が少なく,分布量の拡散の速度が遅いことが分かる.この例から,ネットワークで共通の拡散係数を用いると,拡散の起こる速度が方向によって変わってしまう可能性のあることが分かる.

拡散の速度にこのような差があったとしても,分布量の高いほうから低いほうに移動が起こることは変わらないので,長い時間で見れば分布量は平滑化していくはずである.しかし,このような拡散の速度のムラを起こさないためには,図 2.13 に示すように $\mathcal{D}=1/2$ とすればよい.これは右側のノードの次数 $d=1$ に対して $\mathcal{D}=1/(d+1)$ としたものである.

このような考察から,**拡散係数をノードごとまたはリンクごとに決める方法**として,同一リンクでも拡散の方向によって拡散の流れの規則を変える可能性を考える.時間区間 l においてノード i からその隣接ノード j に向けた分布の移動量を $\mathcal{J}_l^{[i \to j]}$ とする.式 (2.34) では,分布量の流れの規則が拡散の方向によらないように考えていたため,$\mathcal{J}_l^{[i \to j]} = -\mathcal{J}_l^{[j \to i]}$ として,拡散の方向による規則の区別をしていなかった.ここでは,流れの方向を意識して局所動作規則を考察するために,$\mathcal{J}_l^{[i \to j]}$ と $\mathcal{J}_l^{[j \to i]}$ は別々に定義して考察する.$\mathcal{D}_1(i,j)$ と $\mathcal{D}_2(i,j)$ をノード i と j に依存する関数として,式 (2.34) を

$$\mathcal{J}_l^{[i \to j]} = \begin{cases} \mathcal{D}_1(i,j)\,P_{i,l} - \mathcal{D}_2(i,j)\,P_{j,l} & (\text{流れが } i \to j) \\ 0 & (\text{流れが } j \to i) \end{cases} \qquad (2.39)$$

のように拡張する.この局所動作規則によって引き起こされるノード i の分布量の時間発展を表す離散化した時間発展方程式は,ノード i に流入する流れとノード i から流出する流れの差で与えられるので

$$P_{i,l+1} - P_{i,l} = \sum_{j \in \partial i} \mathcal{J}_l^{[j \to i]} - \sum_{j \in \partial i} \mathcal{J}_l^{[i \to j]} \tag{2.40}$$

となる.ここで,∂i はノード i に隣接するノードの集合である.

一例として,図 2.11 や 図 2.13 で見たように,ノードの次数に依存して方向によって異なる局所動作規則を以下のように与えるモデルが考えられる.

$$\mathcal{J}_l^{[i \to j]} = \begin{cases} \dfrac{\kappa}{d_i + 1}(P_{i,l} - P_{j,l}) & (\text{流れが } i \to j) \\ 0 & (\text{流れが } j \to i) \end{cases} \tag{2.41}$$

ここで,$0 < \kappa \leq 1$ は定数で,式 (2.39) において $\mathcal{D}_1(i,j) = \mathcal{D}_2(i,j) = \kappa/(d_i+1)$ としたものである.この方法では一般に $\mathcal{J}_l^{[i \to j]} \neq -\mathcal{J}_l^{[j \to i]}$ であり,フィックの法則に見られた,局所動作規則の流れの方向に関する対称性が破れるような一般化となっている.

一般のネットワーク上での拡散方程式の考察に基づく関数 $\mathcal{D}_1(i,j)$ と $\mathcal{D}_2(i,j)$ の決定法については,2.3 節で改めて議論する.

(3) **拡散方程式に基づく自律分散制御技術**　情報ネットワークを適切に運用するために,ネットワークを構成するサブシステムの状態をネットワーク全体で平滑化することがしばしば必要になる.例えば,情報ネットワーク内部の混雑(輻輳)の緩和やファイルサーバの負荷分散が挙げられる.これらを自律分散的に実現する手段として,拡散方程式に基づく自律分散制御を応用できる.

情報ネットワークでは,特定のノードに対してその転送能力を超えた通信トラヒックが集中すると,パケットを一時的に待たせておくためのバッファの容量が不足してパケットの損失が起こる可能性がある.これを避けるために,複数のノードが連携することで特定のノードにパケットが滞留しないように送信待ちパケットの数を周辺ノードに分散させることができれば,パケットの損失が起こりにくくなる.このことを拡散方程式に基づく自律分散制御で実現したものが拡散型フロー制御である.拡散型フロー制御の基本的な考え方や性能特性の概要については,本シリーズ第 1 巻 5 章の解説を参照されたい[4].ネット

ワーク内部での待ちパケット数が1ヶ所に集中することを避けるだけでは輻輳の根本的原因が排除できるわけではないが，送信元の送信トラヒック量の制御とうまく組み合わせて使用することで効果が得られる[17]．このような組合せは，動作時間スケールの異なる制御を組合せた階層型制御の一例である．また，ネットワーク内部の複数フローを扱うことで，直接的にはフローに沿った1次元方向の流れを制御しながら，間接的にフロー間の平滑化も実現可能であり，これも階層型制御の一例である[18]．実システムを用いた実験で拡散型フロー制御の効果が実証されている[19]．

ネットワーク内に複数存在するファイルサーバについて，負荷分散が実現するように自律分散的に負荷を平滑化するしくみを拡散方程式に基づいて実現する方法が提案されている[20]．ファイルサーバに限らず，ネットワークを構成するサブシステムの負荷を平滑化するためのしくみとして，拡散方程式に基づく自律分散制御は様々な局面で利用可能である．

2.3 ネットワーク上の拡散方程式

2.2節では，ネットワーク上での拡散現象が拡散の方向によって拡散係数が異なるように設定することが望ましい場合があることを見た．本節では，一般のネットワーク上に拡張した拡散方程式を考えることで，ノードの次数を考慮した拡散の流れと，それに伴う拡散係数の拡張法について考察する．

2.3.1 ラプラシアン行列と固有値問題

n 個のノードからなる無向グラフ G を考え，ノード i ($i = 0, 1, \cdots, n-1$) の集合を V，リンクの集合（リンクの端点のノード対の集合）を E とする．また，リンク $(i,j) \in E$ の重みを $w_{ij} > 0$ とし，i と j に関して対称 $w_{ij} = w_{ji}$ であるとする．重み付きグラフ G の隣接行列とは，ノード i–j 間のリンクの有無及びリンクの重みを表す正方行列 $A = [A_{ij}]$ であり，ノード i–j 間にリンクがあれば $A_{ij} = w_{ij}$，そうでなければ $A_{ij} = 0$ となる対称行列である．た

だし，対角成分は $A_{ii} = 0$ である．また，**重み付き次数行列** $D = [D_{ij}]$ とは，ノード i に接続しているリンクの重みの和を対角成分に持つ行列

$$D_{ij} := \delta_{ij} \sum_{k \in \partial i} w_{ik}$$

である．ここで，δ_{ij} は**クロネッカーのデルタ** (Kronecker delta) で

$$\delta_{ij} = \begin{cases} 1 & (i = j) \\ 0 & (i \neq j) \end{cases}$$

となる関数である．また，∂i はノード i に隣接するノードの集合である．

表記を簡略化するため，以降では重み付き次数行列 D の対角成分を

$$D_i := D_{ii} = \sum_{j \in \partial i} w_{ij}$$

と表す．つまり

$$D = \mathrm{diag}(D_0, D_1, \cdots, D_{n-1})$$

である．

特別な場合として，全てのリンクについてリンクの重みが $w_{ij} = 1$ である場合は，隣接行列 A は A_{ij} がノード i–j 間のリンクの有無を 1 と 0 で表示する通常の（重みなしグラフに対する）隣接行列に帰着する．また，このとき重み付き次数行列 D の対角成分 D_i はリンク i に接続しているリンク数（つまりノードの**次数**）d_i となり，**次数行列**と呼ばれる．

以上の準備を踏まえ，グラフ G の**ラプラシアン行列** (Laplacian matrix) を式 (2.42) のように定義する[21]．

$$L := D - A \tag{2.42}$$

ラプラシアン行列は**グラフラプラシアン** (graph Laplacian) とも呼ばれる．図 **2.14** にラプラシアン行列の例を示す．図は，四つのノード ($i = 0, 1, 2, 3$) か

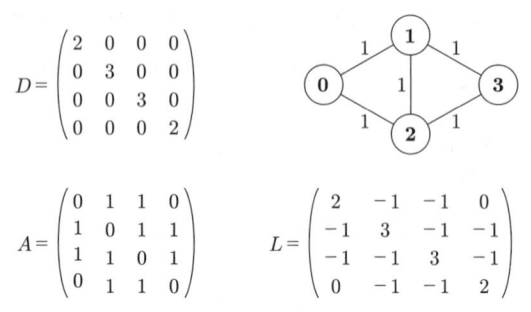

$$D = \begin{pmatrix} 2 & 0 & 0 & 0 \\ 0 & 3 & 0 & 0 \\ 0 & 0 & 3 & 0 \\ 0 & 0 & 0 & 2 \end{pmatrix}$$

$$A = \begin{pmatrix} 0 & 1 & 1 & 0 \\ 1 & 0 & 1 & 1 \\ 1 & 1 & 0 & 1 \\ 0 & 1 & 1 & 0 \end{pmatrix} \qquad L = \begin{pmatrix} 2 & -1 & -1 & 0 \\ -1 & 3 & -1 & -1 \\ -1 & -1 & 3 & -1 \\ 0 & -1 & -1 & 2 \end{pmatrix}$$

図 2.14 ラプラシアン行列の例

らなり，全てのリンクの重みが 1 である単純なネットワークに対して，次数行列 D，隣接行列 A，及びラプラシアン行列 L を例示したものである．

ラプラシアン行列の意味を考えるため，図 2.15 に示すように隣接するノード i, j にそれぞれノードの重み x_i, x_j を与え，その間のリンクの重みが w_{ij} であるとし，ネットワーク内の全リンクついてリンクの重みを付けて $(x_i - x_j)$ の自乗和をとった関数

$$F(\{x_i\}) := \sum_{(i,j) \in E} w_{ij} (x_i - x_j)^2 \tag{2.43}$$

を考える．ここで，和の範囲 $(i,j) \in E$ は G の全てのリンクに関する和を表す．この関数は，式 (2.44) のようにラプラシアン行列の**二次形式** (quadratic form) で書くことができる．

$$\begin{aligned} F(\{x_i\}) &= \sum_{(i,j) \in E} w_{ij} (x_i^2 + x_j^2 - 2 x_i x_j) \\ &= \sum_{i \in V} D_i x_i^2 - \sum_{(i,j) \in E} w_{ij} x_i x_j - \sum_{(i,j) \in E} w_{ji} x_j x_i \\ &= {}^t\boldsymbol{x} L \boldsymbol{x} \end{aligned} \tag{2.44}$$

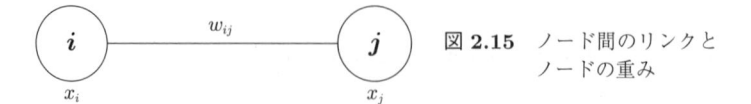

図 2.15 ノード間のリンクとノードの重み

ここで，$2x_ix_j = x_ix_j + x_jx_i$ と分解したことと，$w_{ij} = w_{ji}$ の対称性，及びノードの重みの列ベクトル $\boldsymbol{x} = {}^t(x_1, \cdots, x_n)$ を用いた．また ${}^t\boldsymbol{x}$ は $\boldsymbol{x}$ を転置した行ベクトルである．$F(\{x_i\}) \geq 0$ であることから，L は**非負定値行列** (non-negative definite)，つまり L の**固有値**は全て非負であることが分かる．以降では $F(\{x_i\})$ を $F(\boldsymbol{x})$ と略記する．

次に，ノードの重みベクトルの大きさを $|\boldsymbol{x}| = 1$ とした制約条件下で，関数 $F(\boldsymbol{x})$ の停留値問題を考える．ラグランジュの未定乗数法を適用すると

$$\Phi(\boldsymbol{x}, \lambda) := F(\boldsymbol{x}) - \lambda \left(\sum_{i \in V} x_i^2 - 1 \right)$$

$$= \sum_{(i,j) \in E} w_{ij} (x_i - x_j)^2 - \lambda \left(\sum_{i \in V} x_i^2 - 1 \right)$$

を定義して，$\partial \Phi / \partial x_i = 0$ と $\partial \Phi / \partial \lambda = 0$ を解けばよい．ここで，λ はラグランジュの未定乗数である．具体的に計算すると

$$\frac{\partial \Phi(\boldsymbol{x}, \lambda)}{\partial x_i} = \sum_{j \in \partial i} 2 w_{ij} (x_i - x_j) - 2 \lambda x_i = 0$$

$$\frac{\partial \Phi(\boldsymbol{x}, \lambda)}{\partial \lambda} = \sum_{i \in V} x_i^2 - 1 = 0$$

となる．ここで，∂i はノード i に隣接するノードの集合である．これらを整理すると

$$\sum_{j \in \partial i} w_{ij} (x_i - x_j) = \lambda x_i, \quad \sum_{i \in V} x_i^2 = 1$$

となる．最初の式は更に

$$\sum_{j \in \partial i} w_{ij} (x_i - x_j) = D_i x_i - \sum_{j \in \partial i} w_{ij} x_j = \lambda x_i$$

と書けるから，ラプラシアン行列を用いて整理すると $|\boldsymbol{x}| = 1$ の制約条件のもとで

$$L\boldsymbol{x} = \lambda \boldsymbol{x} \tag{2.45}$$

を満たす λ と $\boldsymbol{x}$ を求める問題になり，ラプラシアン行列の**固有値問題**に帰着

する．このとき，ラグランジュの未定乗数 λ は L の**固有値**になっており，最大固有値と最小固有値はそれぞれ $F(\boldsymbol{x})$ の最大値と最小値を与える．また，特定の固有値 λ に対して式 (2.45) を満たす $\boldsymbol{x}$ をその固有値に属する**固有ベクトル**という．

ラプラシアン行列は n 個の固有値を持ち，小さい順に番号付けをして

$$0 = \lambda_0 \leq \lambda_1 \leq \cdots \leq \lambda_{n-1}$$

とする．ラプラシアン行列は，定義から行和が 0 であるので，成分が全て等しいベクトルは固有ベクトルの一つであり，その固有値は $\lambda_0 = 0$ である．また，グラフ G が**非連結グラフ** (disconnected graph) であれば，**連結成分** (connected component) の部分グラフごとに閉じたラプラシアン行列のブロック対角の構造が作れるので，固有値 0 の縮退数（多重数）はグラフ G の連結成分の数に等しい．また，連結グラフに対して 0 でない最小固有値 λ_1 がグラフの連結性の強さの指標となることが知られていて，**代数的連結度** (algebraic connectivity) と呼ばれる[22]．固有値 λ_1 に属する固有ベクトルは，**フィードラーベクトル** (Fiedler vector) と呼ばれることがある．

フィードラーベクトルの有用性を，例を用いて確認する．図 **2.16** (a) の構造を持つリンクの重みが全て 1 のグラフに対して，図 (b) ではフィードラーベク

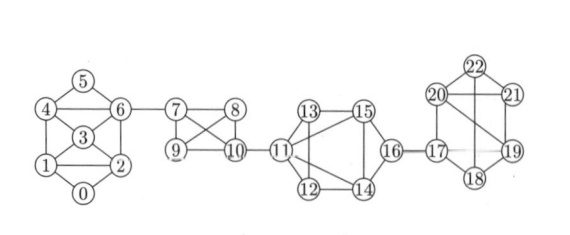

(a) 四つのクラスタからなる
ネットワークモデル

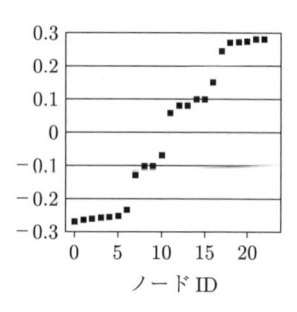

(b) フィードラーベクトルの成分

図 **2.16** フィードラーベクトルと弱いリンク

トルの成分を各ノードに対応して並べたものである．大ざっぱに四つのグループに分かれており，これが図 (a) での四つの密連結なノード群に対応する．つまり，フィードラーベクトルを分析することで，グラフ構造から見て密連結なクラスタ構造を抽出したり，クラスタ間を結ぶ弱いリンクを特定できる．

実対称行列では，異なる固有値に対応する固有ベクトルが互いに直交することが知られているが，固有値が縮退した場合にも固有ベクトルが線形独立であることが知られている．したがって，**グラム・シュミット**の**正規直交化法**を用いることで，n 個の固有値に対応する固有ベクトルを互いに直交した長さ 1 のベクトルとして選ぶことができる．このようにして選んだ固有値 λ_i に対応する固有ベクトルを $\boldsymbol{v}_\mu$ ($\mu = 0, 1, \cdots, n-1$) とする．つまり

$$L\boldsymbol{v}_\mu = \lambda_\mu \boldsymbol{v}_\mu, \quad \boldsymbol{v}_\mu \cdot \boldsymbol{v}_\nu = \delta_{\mu\nu}$$

とする．

続いて，**正規化ラプラシアン行列** (normalized Laplacian matrix) を定義し，ラプラシアン行列の固有値問題と同様の議論を行う．正規化ラプラシアン行列 N を

$$N := D^{-1/2} L D^{-1/2} \tag{2.46}$$

のように定義する．$N = [N_{ij}]$ の構造を分解すると，I を単位行列として

$$N = D^{-1/2}(D-A)D^{-1/2} = I - D^{-1/2} A D^{-1/2}$$
$$N_{ij} = \delta_{ij} - \frac{A_{ij}}{\sqrt{D_i D_j}}$$

である．正規化ラプラシアン行列は対角成分が 1 となる対称行列であるが，行和は必ずしも 0 ではないことに注意する．しかし，ラプラシアン行列の左から $D^{-1/2}$ を掛けることで

$$L\boldsymbol{v_0} = 0 \quad \Leftrightarrow \quad (D^{-1/2} L D^{-1/2})(D^{1/2} \boldsymbol{v_0}) = 0$$

であるから,正規化ラプラシアン行列 N についても固有値 0 の固有ベクトルは存在する.

次に,ラプラシアン行列の場合と同様に,ノードの重みベクトルの大きさを $|\boldsymbol{x}|=1$ とした制約条件下で式 (2.47) に示す関数

$$G(\boldsymbol{x}) := \sum_{(i,j) \in E} w_{ij} \left(\frac{x_i}{\sqrt{D_i}} - \frac{x_j}{\sqrt{D_j}} \right)^2 \tag{2.47}$$

の停留値問題を考える.この問題は,$|\boldsymbol{x}|=1$ の制約条件のもとでの正規化ラプラシアン行列 N の固有値問題

$$N\boldsymbol{x} = \bar{\lambda}\boldsymbol{x} \tag{2.48}$$

に帰着し,N の固有値

$$0 = \bar{\lambda}_0 \leq \bar{\lambda}_1 \leq \cdots \leq \bar{\lambda}_{n-1}$$

は $G(\boldsymbol{x})$ の停留値である.

2.3.2 ネットワーク上の拡散方程式と拡散の流れ

時刻 t におけるノード i の重みを $x_i(t)$ として,グラフ上の拡散現象を考える.まずは,ノード次数による違いを考えずに,隣接ノード i–j 間で,$|x_i(t)-x_j(t)|$ とリンクの重み w_{ij} に比例して重みの大きいほうから小さいほうに移動 (フィックの法則) が起こるような局所動作規則

$$\mathcal{J}^{[i \to j]}(t) = \begin{cases} \kappa\, w_{ij}\,(x_i(t) - x_j(t)) & (x_i(t) - x_j(t) > 0) \\ 0 & (x_i(t) - x_j(t) \leq 0) \end{cases} \tag{2.49}$$

を考える.ここで,比例係数 $\kappa > 0$ は拡散係数である.これは,離散時刻か連続時刻かの違いを無視すれば,式 (2.39) の $P_{i,l}$ を $x_i(t)$ に置き換えて,$\mathcal{D}_1(i,j)$ と $\mathcal{D}_2(i,j)$ を共通の定数 κw_{ij} に置き換えて単純化したものに対応する.これを用いて拡散方程式 (2.40) に対応する式を作ると

2.3 ネットワーク上の拡散方程式

$$\begin{aligned}\frac{dx_i(t)}{dt} &= \sum_{j\in\partial i}\mathcal{J}^{[j\to i]}(t) - \sum_{j\in\partial i}\mathcal{J}^{[i\to j]}(t) \\ &= -\kappa\sum_{j\in\partial i}w_{ij}\,x_i(t) + \kappa\sum_{j\in\partial i}w_{ij}\,x_j(t) \\ &= -\kappa\left(D_i\,x_i(t) - \sum_{j\in\partial i}w_{ij}\,x_j(t)\right)\end{aligned} \qquad (2.50)$$

となる.ノードの重みの列ベクトル $\boldsymbol{x}(t) := {}^t(x_1(t),\cdots,x_n(t))$ として,拡散方程式 (2.50) を行列を用いて書けば

$$\frac{d\boldsymbol{x}(t)}{dt} = -\kappa\,L\,\boldsymbol{x}(t) \qquad (2.51)$$

となり,拡散方程式がラプラシアン行列で書けることが分かる[23)].

もし全ての w_{ij} が定数 $w_{ij}=1$ なら,ラプラシアン (1.5) で $\Delta=1$ としたものを用いて拡散方程式 (2.50) は

$$\frac{dx_i(t)}{dt} = \kappa\,\Delta\,x_i(t) \qquad (2.52)$$

と書ける.そのため,ラプラシアン行列 L と式 (1.5) のラプラシアン Δ の関係は,符号が反対であるが,リンクの重みが等しければ本質的に同じ操作を意味しており,ラプラシアン行列 L はリンクの重みも考慮してラプラシアン Δ を拡張した操作になっていることが分かる.

次に正規化ラプラシアン行列について同様の考察を行う.隣接ノード i–j 間で生じる拡散の流れについて,ノードの次数を考慮することで式 (2.49) を拡張し,仮に式 (2.53) のようにおく.

$$\mathcal{J}^{[i\to j]}(t) = \begin{cases} \kappa\,w_{ij}\left(\dfrac{x_i(t)}{D_i} - \dfrac{x_j(t)}{\sqrt{D_i\,D_j}}\right) & \left(\dfrac{x_i(t)}{\sqrt{D_i}} - \dfrac{x_j(t)}{\sqrt{D_j}} > 0\right) \\ 0 & \left(\dfrac{x_i(t)}{\sqrt{D_i}} - \dfrac{x_j(t)}{\sqrt{D_j}} \leq 0\right) \end{cases} \qquad (2.53)$$

しかし，これを用いて式 (2.50) の手順で拡散方程式を拡張したとしても，正規化ラプラシアン行列を用いた時間発展方程式にはならない．この理由は，流れの両端の i と j の入替えに対する形式的な反対称性

$$\mathcal{J}^{[i \to j]}(t) = -\mathcal{J}^{[j \to i]}(t) \tag{2.54}$$

が成り立たないためである．この問題を解決するため，次数依存性の一部をノードの重みのほうに持たせる．正規化ラプラシアン行列の固有値問題 (2.48) の両辺に左から $D^{1/2}$ を掛けることで

$$D^{1/2} N \boldsymbol{x} = L D^{-1} (D^{1/2} \boldsymbol{x}) = \bar{\lambda} (D^{1/2} \boldsymbol{x})$$

であるから，$L D^{-1}$ は正規化ラプラシアン行列 N と同じ固有値を持つことが分かる．以下で定義されるベクトル

$$\boldsymbol{y} := D^{1/2} \boldsymbol{x} = {}^t\!\left(\sqrt{D_0}\, x_0, \cdots, \sqrt{D_{n-1}}\, x_{n-1} \right)$$

で書き直すと

$$L D^{-1} \boldsymbol{y} = (I - A D^{-1}) \boldsymbol{y} = \bar{\lambda} \boldsymbol{y} \tag{2.55}$$

となり，ベクトルの第 i 成分を書き下すと

$$y_i - \sum_{j \in \partial i} w_{ij} \frac{y_j}{D_j} = \sum_{j \in \partial i} w_{ij} \left(\frac{y_i}{D_i} - \frac{y_j}{D_j} \right) = \bar{\lambda}\, y_i$$

となる．このことから $\boldsymbol{y}$ に関する局所動作規則を

$$\mathcal{J}^{[i \to j]}(t) = \begin{cases} \kappa\, w_{ij} \left(\dfrac{y_i(t)}{D_i} - \dfrac{y_j(t)}{D_j} \right) & \left(\dfrac{y_i(t)}{D_i} - \dfrac{y_j(t)}{D_j} > 0 \right) \\ 0 & \left(\dfrac{y_i(t)}{D_i} - \dfrac{y_j(t)}{D_j} \leqq 0 \right) \end{cases} \tag{2.56}$$

とし，$\boldsymbol{y}$ に関する拡散方程式を作ると

$$\frac{dy_i(t)}{dt} = \sum_{j \in \partial i} \mathcal{J}^{[j \to i]}(t) - \sum_{j \in \partial i} \mathcal{J}^{[i \to j]}(t)$$

$$= -\kappa \sum_{j \in \partial i} w_{ij} \left(\frac{y_i(t)}{D_i} - \frac{y_j(t)}{D_j} \right)$$

となる．これを行列で表せば

$$\frac{d\boldsymbol{y}(t)}{dt} = -\kappa \left(L D^{-1} \right) \boldsymbol{y}(t) \tag{2.57}$$

となる．元の $\boldsymbol{x}$ の成分表示に関する時間発展として表すと

$$\frac{dx_i(t)}{dt} = -\kappa \sum_{j \in \partial i} w_{ij} \left(\frac{x_i(t)}{D_i} - \frac{x_j(t)}{\sqrt{D_i D_j}} \right)$$

となる．または行列で表現して

$$\frac{d\boldsymbol{x}(t)}{dt} = -\kappa N \boldsymbol{x}(t) \tag{2.58}$$

を得ることができる．ここから $\boldsymbol{x}$ に関する局所動作規則を抜き出すことを考えると，式 (2.53) で見たように，ノード i から隣接ノード j に移動する量と，隣接ノード j がノード i から渡される量が釣り合わなくなる．$L D^{-1}$ の分析で分かったように，これについてはベクトル $\boldsymbol{y}$ に関して釣り合っていて，$\boldsymbol{x}$ の移動に関しては釣り合っていない．このため，$\boldsymbol{x}$ の時間変化を $\boldsymbol{y}$ を介さずに解釈するには，$\boldsymbol{x}$ の時間変化がノード間の移動によるもの（いわゆる輸送現象）とは見なすことができず，ノードごとに独自に値の増減が行われているモデルであると考える必要がある．ノード i の重み $x_i(t)$ が隣接ノード j の影響によって増加するレートを局所動作ルール $\mathcal{J}_{ij}(t)$ として書き出すと，$x_i(t)/\sqrt{D_i}$ と $x_j(t)/\sqrt{D_j}$ の大小関係にかかわらず

$$\mathcal{J}_{ij}(t) := \kappa w_{ij} \left(\frac{x_i(t)}{D_i} - \frac{x_j(t)}{\sqrt{D_i D_j}} \right) \tag{2.59}$$

とすることができる．このように考えると，隣接ノード i–j 間で互いに与える影響の大きさに差をつけることができる．つまり，正規化ラプラシアン行列を

用いることで，対称行列を扱いながら，ノード間である種の非対称な作用を導入することができる．

ここで，ノード間の作用の非対称性について，対称行列で扱うことができるのはどのようなタイプのものであるか説明する．図 **2.17** はノード間の非対称な作用の例を図示したものであり，太い矢印が強い作用，細い破線の矢印が弱い作用を表す．

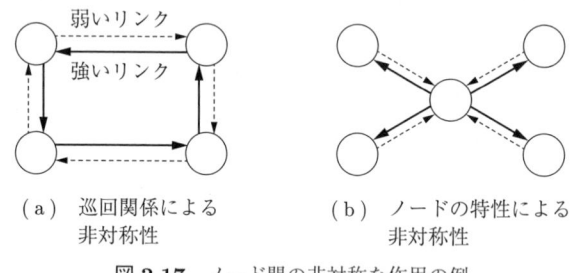

(a) 巡回関係による非対称性　　(b) ノードの特性による非対称性

図 **2.17**　ノード間の非対称な作用の例

図 (a) はノード間の作用の非対称性が巡回関係となっていて，図 (b) は特定のノードが相対的に他のノードより影響が強くなるタイプである．前者は，非対称性をノードの特性に帰着することができないため，非対称行列を扱う必要があるが，後者は非対称性がノード固有の性質に帰着できるので，ノード固有の性質によってラプラシアン行列をスケーリングすることで，対称行列を用いたモデル化が可能である．正規化ラプラシアン行列はノードの（重み付き）次数によってラプラシアン行列をスケーリングするものであるが，ノード i 自体が持つ別の特性量 $m_i > 0$ を考え，特性量のを対角成分に持つ行列

$$M := \mathrm{diag}(m_0, m_1, \cdots, m_{n-1})$$

を考え，これを用いてスケーリングされたラプラシアン行列

$$S := M^{-1/2} L M^{-1/2}$$

を導入し，これを時間発展作用素とした方程式

$$\frac{d\boldsymbol{x}(t)}{dt} = -\kappa\, S\, \boldsymbol{x}(t) \tag{2.60}$$

を考えれば，多様なノードの性質を考慮したノード間の非対称な作用を扱うことができる．

2.2.2 項 (2) で求められているのは，拡散係数がノードの次数に依存するように拡張されたタイプの拡散現象であるので，正規化ラプラシアン行列 N が直接関連すると考えられる．ノードの重みが移動する現象 (輸送現象) としてノード間の移動量の収支を合わせたモデルを考察するために，N ではなく LD^{-1} を考えて，時間発展規則 (2.57) を考えてみよう．リンクの重みが $w_{ij}=1$ とした 1 次元ネットワークでは，全てのノードで $D_i = d_i = 2$ である．拡散係数を $\kappa < 1$，y_i をノードの分布量 $P_{i,l}$ に対応させれば，式 (2.56) から式 (2.35) で与えられた $\mathcal{D} \leq 1/2$ の条件を満足することが分かる．また，一般の次数の場合は，ノード i の隣接ノード j の分布値が 0 となる極端な場合であっても

$$\mathcal{J}_l^{[i \to j]} = \kappa\, \frac{P_{i,l}}{d_i}$$

となるので，ノード間の流れの局所動作規則 (2.39) の拡散係数は $\mathcal{D}_1(i,j) \leq 1/d_i$ の条件を満足することが分かる．

ちなみに，式 (2.55) に現れた AD^{-1} は**拡散行列** (diffusion matrix) と呼ばれ，ネットワーク上の**ランダムウォーク** (random walk) を駆動するものである．拡散行列の構造は，隣接ノードへの移動・増殖による粗視化の効果 A とスケール変換 D^{-1} の組合せからなり，以降の節でも議論するようにくりこみ変換の構造を持っている．

2.3.3 ラプラシアン行列の固有値問題とフーリエ変換

本節の最後に，ラプラシアン行列の固有値問題とフーリエ変換の類似性について触れる．ラプラシアン行列 L を用いて議論するが，N, S についても同様の議論が可能である．

ネットワーク上の拡散方程式 (2.51) を解く．まず，式 (2.51) の解 $\boldsymbol{x}(t)$ を

ラプラシアン行列の固有ベクトルである n 個の正規直交ベクトル $\{v_\mu\}$ ($\mu = 0, 1, \cdots, n-1$) で展開して

$$\boldsymbol{x}(t) = \sum_{\mu=0}^{n-1} a_\mu(t)\, \boldsymbol{v}_\mu \tag{2.61}$$

とする．ここで，$a_\mu(t)$ は展開したときの正規直交ベクトルに対する重みである．これを拡散方程式 (2.51) に代入すると

$$\frac{d\boldsymbol{x}(t)}{dt} = -\kappa L \sum_{\mu=0}^{n-1} a_\mu(t)\, \boldsymbol{v}_\mu$$

$$= -\kappa \sum_{\mu=0}^{n-1} a_\mu(t)\, \lambda_\mu\, \boldsymbol{v}_\mu$$

となる．ここから重み $a_\mu(t)$ に対する時間発展方程式を抜き出すと

$$\frac{da_\mu(t)}{dt} = -\kappa\, \lambda_\mu\, a_\mu(t) \tag{2.62}$$

となる．これを解くと

$$a_\mu(t) = a_\mu(0)\, e^{-\kappa \lambda_\mu t} \tag{2.63}$$

のように指数関数的に減少することを示している．

ここまでの解法の流れを 1 次元の拡散方程式 (2.5) の解法と比較する．解を正規直交系で展開した式 (2.61) はフーリエ逆変換 (2.9) に対応していて，それを拡散方程式に代入した後に得られた $a_\mu(t)$ の時間発展方程式 (2.62) は，フーリエ変換 $\widehat{p}(\omega, t)$ の時間発展方程式 (2.10) に対応する．これにより，ラプラシアン行列による実質的な差分の操作が，固有値の掛け算の操作に置き換えられ，1 次元の偏微分方程式を解く際に，空間に関する微分を掛け算に置き換えた手順と同じ構造になっている．

対応関係をまとめると以下のようになる．

2.3 ネットワーク上の拡散方程式

- 拡散方程式

$$\frac{d\boldsymbol{x}(t)}{dt} = -\kappa L \boldsymbol{x}(t)$$

$$\frac{\partial}{\partial t} p(x,t) = \kappa \frac{\partial^2}{\partial x^2} p(x,t) \equiv \kappa \triangle p(x,t)$$

- 逆フーリエ変換

$$\boldsymbol{x}(t) = \sum_{\mu=0}^{n-1} a_\mu(t) \boldsymbol{v}_\mu$$

$$p(x,t) = \frac{1}{\sqrt{2\pi}} \int_{-\infty}^{\infty} \widehat{p}(\omega,t) e^{i\omega x} d\omega$$

- フーリエモードごとの時間発展方程式

$$\frac{da_\mu(t)}{dt} = -\kappa \lambda_\mu a_\mu(t)$$

$$\frac{\partial}{\partial t} \widehat{p}(\omega,t) = -\kappa \omega^2 \widehat{p}(\omega,t)$$

- フーリエ変換

$$a_\mu(t) = {}^t\boldsymbol{v}_\mu \boldsymbol{x}(t) = \boldsymbol{v}_\mu \cdot \boldsymbol{x}(t) = \sum_{\nu=0}^{n-1} a_\nu(t) \boldsymbol{v}_\mu \cdot \boldsymbol{v}_\nu$$

$$\widehat{p}(\omega,t) = \frac{1}{\sqrt{2\pi}} \int_{-\infty}^{\infty} p(x,t) e^{-i\omega x} dx$$

例として，図 **2.18** に示す 12 ノードからなる 1 次元ネットワークを対象にして，ラプラシアン行列の固有ベクトルを表示したものが図 **2.19** である．図では，横軸のノード番号に対して，いくつかの固有ベクトルの成分を表示しており，固有値 λ_μ は (a) $\mu = 1$, (b) $\mu = 2$, (c) $\mu = 3$, (d) $\mu = 11$ である．最大固有値を与える (d) $\mu = 11$ の場合の固有ベクトルは，隣接ノード同士の重みの値の差が激しく，固有値が小さいと隣接ノードとの値の差が小さくなって

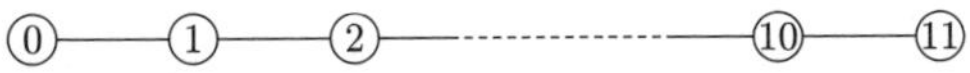

図 **2.18** 12 ノードからなる 1 次元ネットワーク

(a) 固有値λ_μ ($\mu=1$)

(b) 固有値λ_μ ($\mu=2$)

(c) 固有値λ_μ ($\mu=3$)

(d) 固有値λ_μ ($\mu=11$)

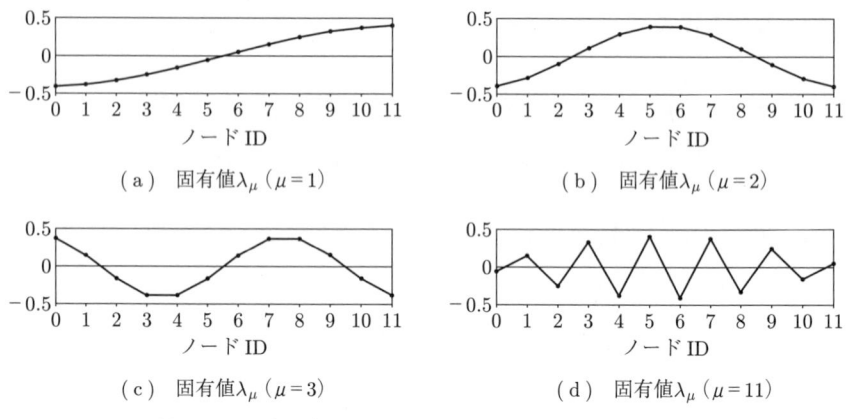

図2.19 1次元ネットワークに対するラプラシアン行列の固有ベクトル

いることが分かる．このことは，固有値が式 (2.43) の $F(\boldsymbol{x})$ の値（停留値）を与えることと関連付けて理解可能である．また，固有値はフーリエ変換の周波数と関連していることが分かり，$\sqrt{\lambda_\mu}$ と角振動数 ω の対応が導ける．

空間内に現れるパターンの周波数を定義するためには，空間内で大域的に定義された座標系が必要で，図 1.4(a) のようにノードが格子状に整然と並んだネットワークに対しては容易であるが，一般のネットワークでは必ずしも可能ではない．ラプラシアン行列をネットワーク上に拡張したフーリエ変換として解釈することで，ネットワーク上に座標系がなくてもフーリエ変換を考えることができる．ただし，一般のネットワークではトポロジーが複雑なため，フーリエ変換を考えたとしても1次元ネットワークで見られる視覚的な周期パターンを認識できるとは限らない．

ネットワーク上の拡散現象について式 (2.63) から分かることは，大きな固有値の空間パターン，つまり空間的に細かい構造を持つ空間構造ほど，時間とともに消失する速度が速いことである．空間パターンを特徴付ける長さのスケールは $1/\sqrt{\lambda_\mu}$ で特徴付けられ，時間とともに減衰する時定数を表す時間スケールは $1/(\kappa\lambda_\mu)$ で与えられ，ラプラシアン行列の固有値で拡散のダイナミクスが特徴付けられる．

2.4 拡散現象のくりこみ変換を用いた自律分散制御法

2.2 節では，偏微分方程式に基づく自律分散制御の構成法を示し，例として拡散方程式を利用して空間的な平滑化を実現する制御を紹介した．本節では，前節で示した偏微分方程式に基づく自律分散制御の構成法に基づき，空間的な平滑化ではなく，何らかの空間構造を生み出すように機能する自律分散制御について説明する．

2.4.1 拡散現象のくりこみ変換と偏微分方程式

（１） 拡散方程式の解のくりこみ変換　　まず，拡散方程式 (2.5) の解 (2.21) の性質について再考する．境界条件 (2.6), (2.7) から，解 $p(x,t)$ は 1 次元空間上のある領域に孤立して存在していることになる．また，初期状態 $p(x,0)$ の各点での値が，時間経過とともにそれぞれその点を中心とした正規分布で広がっていくように振る舞い，それらの正規分布の分散は $2\kappa t$ で，経過時間に比例して増大する．

以上を踏まえ，拡散方程式の解 $p(x,t)$ から以下に示す関数 $q(x,t)$ を定義すると

$$q(x,t) := \frac{\sqrt{2\kappa t}}{\sigma} p\left(\frac{\sqrt{2\kappa t}}{\sigma} x, t\right) \tag{2.64}$$

となる．ここで，$\sigma > 0$ は定数である．式 (2.64) の意味は以下のとおりである．拡散方程式の解が時間とともに空間的に広がっていき，分散が $2\kappa t$ となる．つまり，その広がりを標準偏差で表すと $\sqrt{2\kappa t}$ である．このとき $p(x,t)$ の経過時間の分だけ，空間のサイズを $\sqrt{2\kappa t}$ に反比例させて縮小するようにスケール変換すれば，時間経過で広がった分を元に戻す効果が期待できる．式 (2.64) では $\sigma/\sqrt{2\kappa t}$ 倍にスケール変換している．

1.3.3 項で述べたように，粗視化の操作とスケール変換を組み合わせた変換をくりこみ**変換**と呼ぶ．式 (2.64) はくりこみ変換の一種で，この場合の粗視化の

操作は，拡散現象のことである．図 2.20 は拡散方程式の解 (2.21) のくりこみ変換を図示したものである．拡散方程式の解は時間経過ともに空間的に広がっていき，同時に（後述するように）初期分布の形状にかかわらず正規分布に近づいていくことが知られている．そのため，時間経過とともに $\sigma/\sqrt{2\kappa t}$ 倍とするようなスケール変換を施すと，拡散で広がった分が引き戻され，ある一定の分散を持つ正規分布に近づいていく．このようなくりこみ変換は，元の初期分布の形状からある空間スケールの特徴を抜き出すように作用していると解釈できる．

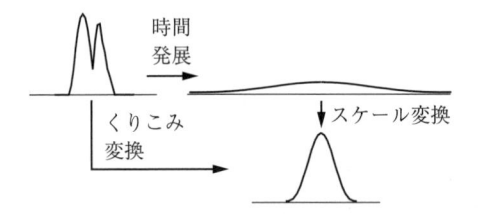

図 2.20 拡散方程式の解 (2.21) のくりこみ変換

（2） くりこみ変換から生成される漸近分布　　さて，先ほど述べた拡散方程式の解が時間とともに正規分布に近づくことについて説明する．解となる密度関数 $p(x,t)$ は境界条件 (2.6), (2.7) を前提としているので，$p(x,t)$ はある領域に孤立していて，式 (2.8) で見たように密度関数の全空間での積分値は保存する．今，議論を単純にするために積分値を

$$\int_{-\infty}^{\infty} p(x,0)\,dx = 1$$

とする．つまり密度関数の初期分布の面積が 1 である．この状態で空間のスケールを縮める．面積は 1 なので空間スケールを縮めた分だけ，縦方向に伸ばす必要がある．つまり関数の形状こそ違うが図 2.3 で示した変換と同様の変換になる．この操作を進めると，元の関数の詳細な形状は失われていき，空間の広がりが 0 で高さが無限大であり，かつ面積が 1 となる図形に近づく．これはディラックの**デルタ関数**にほかならない．

このようなスケール変換を，図 2.20 で図示したくりこみ変換の中のスケー

ル変換部分に関連付けて議論を進める．くりこみ変換では，粗視化（ここでは拡散現象の時間発展）とスケール変換を同時に行っているが，どちらかの操作を先に行っても結果は変わらない．このことは以下の思考実験から理解できる．スケール変換は座標軸の目盛の刻み方の変更である．そもそも，拡散現象は我々がどのような座標の目盛で観測するのかに関係ない普遍的な現象であり，目盛の刻み方で本質的な違いがあってはならない．そのため，目盛の刻み方の変更をどのようなタイミングで行ったとしても，拡散現象自体のあり方は変わらない．このことを数学的に表現するなら，拡散の操作とスケール変換の操作は可換であるといえる．

そこで，まずはじめに初期分布のスケール変換を行い，その後に拡散の操作を行う手順を考える．大きな t に対する $q(x,t)$ を求めるには，最初に行うスケール変換も $1/\sqrt{t}$ に比例して激的に変化するため，初期分布の形状がデルタ関数に近づいていく．初期分布がデルタ関数の場合の解が正規分布になることは式 (2.21) で見たとおりである．以上の考察から，拡散方程式の解 $p(x,t)$ は時間の経過とともに空間的に広がると同時に，形状はデルタ関数から出発した状態，つまり正規分布に近づいていくことが分かる．

ここまでの議論から，式 (2.64) で定義した $q(x,t)$ は以下に示す極限分布を持つ．

$$\lim_{t \to \infty} q(x,t) = N(x, \sigma^2) \tag{2.65}$$

つまり，時間が十分経過したときに平滑化してしまうのではなく，一定の空間的な広がり（分散 σ^2）を持った構造が現れることを意味している．

（3） 拡散方程式の解のくりこみ変換に基づく自律分散制御の構成 拡散方程式の解をくりこみ変換した $q(x,t)$ をネットワーク内の自律分散制御に応用し，ネットワーク内に何らかの空間的な構造を生成する方法を考察する．具体的には，2.2 節で議論した自律分散制御の構成法に従って考えていく．この段階で図 2.6 の第 1 ステップであり，情報ネットワーク内に空間構造を創り出すことを目的として情報ネットワークの状態を表す関数 $q(x,t)$ を選択したところ

である．第1ステップの残りの作業は，関数 $q(x,t)$ が満たす時間発展の偏微分方程式を探すことである．はじめに次の変数を定義する．

$$\alpha(t) := \frac{\sqrt{2\kappa t}}{\sigma}, \quad \beta(x,t) := \alpha(t)\,x, \quad \gamma(t) := t$$

このとき式 (2.64) は

$$q(x,t) = \alpha(t)\,p(\beta(x,t), \gamma(t))$$

である．t で偏微分すると

$$\begin{aligned}\frac{\partial}{\partial t}q(x,t) &= \frac{\partial}{\partial t}\alpha(t)\,p(\beta(x,t),\gamma(t)) \\ &= \frac{d\alpha(t)}{dt}\,p(\beta(x,t),\gamma(t)) + \alpha(t)\frac{\partial \beta(x,t)}{\partial t}\frac{\partial p(\beta(x,t),\gamma(t))}{\partial \beta(x,t)} \\ &\quad + \alpha(t)\frac{d\gamma(t)}{dt}\frac{\partial p(\beta(x,t),\gamma(t))}{\partial \gamma(t)} \end{aligned} \tag{2.66}$$

となる．ここで

$$\left.\begin{aligned}\frac{d\alpha(t)}{dt} &= \frac{1}{2t}\alpha(t) \\ \frac{\partial \beta(x,t)}{\partial t} &= \frac{1}{2t}\alpha(t)\,x \\ \frac{d\gamma(t)}{dt} &= 1 \\ \frac{\partial p(\beta(x,t),\gamma(t))}{\partial \gamma(t)} &= \kappa\frac{\partial^2 p(\beta(x,t),\gamma(t))}{\partial \beta(x,t)^2}\end{aligned}\right\} \tag{2.67}$$

であることを使う．最後の式は拡散方程式 (2.5) である．すると式 (2.66) は

$$\begin{aligned}\frac{\partial}{\partial t}q(x,t) &= \frac{1}{2t}\left(1 + x\frac{\partial}{\partial x} + \sigma^2\frac{\partial^2}{\partial x^2}\right)q(x,t) \\ &= \frac{1}{2t}\left(\frac{\partial}{\partial x}(x\,q(x,t)) + \sigma^2\frac{\partial^2}{\partial x^2}q(x,t)\right) \\ &= \frac{1}{2t}\left(\frac{\partial}{\partial x}x + \sigma^2\frac{\partial^2}{\partial x^2}\right)q(x,t)\end{aligned} \tag{2.68}$$

となり，関数 $q(x,t)$ が満たす時間発展の偏微分方程式が得られる．これは式 (1.6) で示した**フォッカー・プランク方程式**の一種である．

次に図 2.6 の第 2 ステップを考える．特定した偏微分方程式 (2.68) が記述している局所動作規則を特定するために，連続の式 (2.1) と比較することで

$$J(x,t) = -\frac{1}{2t}\left(x\,q(x,t) + \sigma^2 \frac{\partial}{\partial x} q(x,t)\right) \tag{2.69}$$

を得る．あとは，この局所動作規則に従って情報ネットワーク内のノードの動作規則を設計することで，分散 σ^2 で決まる有限な広がりを持った空間構造を自律分散的に生成することができる．

2.4.2 空間構造を生み出す自律分散制御

（1） 拡散現象のくりこみ変換に基づく自律分散制御技術の問題点 2.4.1 項では，図 2.6 の自律分散制御構成法に基づき，有限な広がりを持つ空間構造を構成するための制御方法を考察した．しかし，この制御は実用上，以下のような問題がある．

- 時間発展方程式 (2.68) の右辺に $1/(2t)$ の因子がある．これは $q(x,t)$ の時間変化が t の増大とともに小さくなることを表しており，自律分散制御としての動作が時間とともに遅くなることになる．また，これに対応して局所動作規則 (2.69) にも $1/(2t)$ の因子があり，ノードの動作規則自体が経過時刻によって変化することを意味している．実際の制御では，経過時刻 t によらずに制御の効果が持続してほしいので，時間発展方程式から $1/(2t)$ の因子を取り除くことが望ましい．
- 時間発展方程式 (2.68) の右辺第 1 項は，座標の値 x が陽に現れている．一般のネットワークトポロジーでは，大域的に整合のとれた**座標系**を導入することはできない．つまり，隣接ノードが近い値となるような場所の変数をネットワーク全体で整合がとれるように導入することは必ずしも可能ではない．したがって，局所動作規則が座標の値に依存するような制御は，一般のネットワークトポロジーでは実現することができない．

また，座標の値に依存した規則になっていることから，生成される正規分布の中心は必ず座標系の原点に限られてしまい，自由度が乏しい．したがって，局所動作規則に座標の値が現れないように変更し，任意のネットワークトポロジーに適用可能とすると同時に，生成される分布の頂点の位置についても特定の場所に限定されることのないように変更することが望ましい．

（2） 因子 $1/(2t)$ の除去方法　まず最初の課題について考える．関数 $q(x,t)$ を以下のように再定義してみよう．

$$q(x,t) := \frac{\sqrt{2\kappa e^{2ct}}}{\sigma} p\left(\frac{\sqrt{2\kappa e^{2ct}}}{\sigma} x,\ e^{2ct}\right) \tag{2.70}$$

ここで，$c, \sigma > 0$ は定数である．式 (2.70) は，式 (2.64) で導入したくりこみ変換において，時間の進め方を $t \to e^{2ct}$ となるように指数関数的に時間を早送りしたものである．もちろん，時間を速く進めた分だけスケール変換も強くかかっている．時間の進め方を変えただけなので，再定義した $q(x,t)$ についても極限分布は変化せず

$$\lim_{t\to\infty} q(x,t) = N(x,\sigma^2)$$

が成立する．新たに定義した $q(x,t)$ は

$$\frac{\partial}{\partial t}q(x,t) = c\left(\frac{\partial}{\partial x}x + \sigma^2\frac{\partial^2}{\partial x^2}\right)q(x,t) \tag{2.71}$$

を満たすことが分かる．式 (2.71) も式 (1.6) で示した**フォッカー・プランク方程式**の一種であり，式 (2.71) で表される確率過程を**オルンシュタイン・ウーレンベック過程** (Ornstein-Uhlenbeck process) という．また，式 (2.71) の右辺第 1 項を**ドリフト項** (drift term) といい，右辺第 2 項を**拡散項** (diffusion term) と呼ぶ．式 (2.71) から分かるように，式 (2.68) に現れた $1/(2t)$ の因子の問題が解決していることが分かる．ここまでが図 2.6 の第 1 ステップに対応する．

次に図 2.6 の第 2 ステップを考える．特定した偏微分方程式 (2.71) が記述している**局所動作規則**を特定するために，連続の式 (2.1) と比較することで

2.4 拡散現象のくりこみ変換を用いた自律分散制御法

$$J(x,t) = -c\,x\,q(x,t) - c\,\sigma^2 \frac{\partial}{\partial x} q(x,t) \tag{2.72}$$

を得る．局所動作規則 $J(x,t)$ からも $1/(2t)$ の因子が取り除かれ，経過時刻に陽に依存しないノードの動作規則を実現することができる．

ここで改めて式 (2.71) の構造を見てみる．もしドリフト項がなければ拡散方程式 (2.5) に帰着する．したがって，ドリフト項の存在は図 2.20 のスケール変換に対応していることが分かる．式 (2.2) から生み出される動きから想像できるように，式 (2.72) のドリフト項は各点 x での $q(x,t)$ の値が，原点 $x=0$ に向かって原点からのずれ x に比例した速度で移動する動きを生み出すことになる．この効果は，原点から遠いほど変化量が多いことを示していて，座標系を一律にスケール変換したときの座標の値の変化と関連付けて理解できる．

（３）**揺動散逸定理**　２番目の課題について考察する前に，準備としてドリフト項と拡散項の強さのバランスに関する定理を準備する．

$f(x)$ をある関数とし，$\kappa > 0$ を定数として以下のフォッカー・プランク方程式

$$\frac{\partial}{\partial t} q(x,t) = \left(\frac{\partial}{\partial x} f(x) + \kappa \frac{\partial^2}{\partial x^2} \right) q(x,t) \tag{2.73}$$

を考える．また，フォッカー・プランク方程式 (2.73) が**平衡解** $q_{\text{eq}}(x)$ を持つとする．平衡解 $q_{\text{eq}}(x)$ とは，連続の式 (2.1) と式 (2.73) の比較から $q_{\text{eq}}(x)$ に対応する流れを

$$J_{\text{eq}}(x) := -\left(f(x) + \kappa \frac{\partial}{\partial x} \right) q_{\text{eq}}(x) \tag{2.74}$$

としたときに

$$J_{\text{eq}}(x) = 0 \tag{2.75}$$

となっている解のことである．物理的意味を考察すると

$$\frac{\partial}{\partial t} q_{\text{eq}}(x) = -\frac{\partial}{\partial x} J_{\text{eq}}(x) = 0$$

を満たすので，$q_{\mathrm{eq}}(x)$ はフォッカー・プランク方程式 (2.73) の定常解であり，更にシステムが閉じていること，即ち

$$J_{\mathrm{eq}}(\pm\infty) = 0$$

を意味している．つまり，流れの強さが至るところで 0 となることで分布の形状を保っている解である．

揺動散逸定理 (fluctuation-dissipation theorem) とは，フォッカー・プランク方程式 (2.73) が平衡解を持つときに，ドリフトと拡散の強さの関係を与えるものである．式 (2.75) より

$$f(x)\,q_{\mathrm{eq}}(x) + \kappa \frac{\partial}{\partial x} q_{\mathrm{eq}}(x) = 0$$

であるから，平衡解を

$$q_{\mathrm{eq}}(x) = \exp(S_{\mathrm{eq}}(x))$$

と表現したとき，ドリフトと拡散の強さの関係は

$$f(x) = -\kappa \frac{dS_{\mathrm{eq}}(x)}{dx} \tag{2.76}$$

となり，これを揺動散逸定理と呼ぶ．

例として，フォッカー・プランク方程式 (2.71) が平衡解

$$q_{\mathrm{eq}}(x) = N(x, \sigma^2) = \frac{1}{\sqrt{2\pi\sigma^2}} e^{-\frac{x^2}{2\sigma^2}}$$

を持つことについて，揺動散逸定理が成立することを確認すると

$$S_{\mathrm{eq}}(x) = -\frac{1}{2}\ln(2\pi\sigma^2) - \frac{x^2}{2\sigma^2}$$

なので

$$\frac{dS_{\mathrm{eq}}(x)}{dx} = -\frac{x}{\sigma^2}$$

であり，$f(x) = cx$，$\kappa = c\sigma^2$ であるので式 (2.76) を満たしている．

(4) ドリフト項が座標値に陽に依存する課題　続いて 2 番目の課題について考える．式 (2.72) の局所動作規則を出発点にする．対応するフォッカー・プランク方程式と同様に，右辺第 1 項を**ドリフト項**，右辺第 2 項を**拡散項**と呼ぶ．ドリフト項に含まれる座標の値 x を消すために，ある関数 $f(x,t)$ で置き換えると

$$J(x,t) = -c\,f(x,t)\,q(x,t) - c\sigma^2 \frac{\partial}{\partial x} q(x,t) \tag{2.77}$$

となる．このような置き換えによって $f(x,t) \neq x$ となるなら，$q(x,t)$ は時間とともに正規分布に近づく性質も失われることに注意する．もはや図 2.20 のスケール変換に対応しない．ここで，本節での自律分散制御の目的は，空間的に有限な広がりを持った構造を作ることであって，空間構造を表す関数 $q(x,t)$ が正規分布の形でなければならないという必然性はないことに注意する．拡散項によって生み出される粗視化（平滑化）の効果と，ドリフト項によって適当な位置に向かって集中するように生み出される拡散とは逆に働く移動の効果とのバランスにより，空間構造を生み出すことができればよいのである．

関数 $f(x,t)$ の具体的な決め方については，空間構造を生成する目的とも関連して，3 章で説明する．

章　末　問　題

【1】 図 2.3 と同様な操作で，底辺の長さが 0，高さが無限大となる図形で，その面積が 2, 0, ∞ となる例を作れ．

【2】 式 (2.16) と式 (2.21) の $p(x,t)$ が拡散方程式 (2.5) を満たすことを代入して確認せよ．

【3】 単位時間当りの移動量を表す 1 次元ベクトル $J(x,t)$ が，フィックの法則 (2.4) ではなく

$$J(x,t) = c - \kappa \frac{\partial p(x,t)}{\partial x}$$

であるとする．ここで，$c \neq 0$ は定数である．この場合も拡散方程式 (2.5) が成り立つこと示せ．また，その解と 2.1.3 項（2）の解との違いを述べよ．

【4】 式 (2.29) から式 (2.30) を導け.

【5】 拡散方程式 (2.5) について重ね合わせの原理が成り立つことを示せ.

【6】 $|\boldsymbol{x}| = 1$ の制約条件下での式 (2.47) の停留値問題は，式 (2.48) の固有値問題に帰着されることを示せ.

【7】 式 (2.68) を参考にして，式 (2.70) の $q(x, t)$ が式 (2.71) を満たすことを確かめよ.

【8】 初期分布として $q(x, 0) = N(x, \sigma^2)$ とすると，式 (2.71) の時間発展方程式で不変となることを示せ.

第3章
拡散現象に基づく自律分散クラスタリング

本章では，2章で示した拡散方程式に基づく自律分散制御の応用として，ネットワーク上に空間的な構造を生み出す方法について述べる．具体的には，空間構造を平滑化する拡散項の効果と，それとは逆方向に働くドリフト項の効果を組み合わせることによって，適当なサイズの空間構造を自律分散的に構成する方法を議論する．

3.1 MANET の階層型経路制御とクラスタリング

情報ネットワークに自律分散的に空間構造を生み出す必要がある例として，モバイルアドホックネットワーク (Mobile Ad Hoc Network：MANET) のクラスタリング (clustering) が挙げられる．MANET とは，ルータの機能 (経路情報の管理機能とデータの転送機能) を持った無線端末が，無線基地局なしで通信を行うシステムで，電波が直接届かない相手に対しては，途中に存在する無線端末を経由しながら宛先に到達することで通信を行うシステムである．携帯電話のような通信用のインフラストラクチャが不要であることから，大規模災害時の通信手段として期待されている．

MANET では，端末が頻繁に移動することが考えられるので，通信相手との通信経路をいかに効率的に管理するのかが重要な技術課題であり，無線端末の限られた電池容量の制約下で効率的な経路制御技術が求められている．この際に，無線端末を適当な大きさのクラスタにグループ分けし，グループの内部とグループ間の通信経路を分けた階層的な経路制御法が有効であると考えられ，

具体的な技術が研究されている[24)~26)]．MANET の特性から，各無線端末は自律分散的に動作し，全体を統率する制御システムの存在が必ずしも仮定できないことから，クラスタの構成についても各無線端末の自律分散的な動作によって実現できることが望ましい．情報ネットワーク上の自律分散制御によって空間構造を形成する技術は，このような MANET の自律分散クラスタリングに直接応用可能である．

次に，情報ネットワーク上で空間構造を表す関数 $q(x,t)$ からどのようにクラスタを決めるかを説明する．1 次元ネットワークだけではなく，一般のネットワークトポロジーを考え，ノード位置 x にそれぞれ関数値 $q(x,t)$ が与えられているとする．このとき，関数値 $q(x,t)$ が極大値となるノードがクラスタの中心となる．ここで，ノード x が極大値を持つとは，ノード x に隣接する全てのノードの関数値が $q(x,t)$ より小さい場合をいう (値が等しい場合には，例えば端末番号を参照するなどで大小関係を決定する規則を用意しておく)．クラスタの個数は関数値 $q(x,t)$ が極大点の数だけ存在する．クラスタに含まれるノードの集合は次のように決定される．極大値ではない関数値を持つノードは，隣接ノードの関数値のうちで最も大きな値を持つノードを選択する．この操作を「最急勾配を辿る」と表現することにする．最急勾配を辿る操作を繰り返すと，最終的に極大点のノードに到達する．同じ極大点のノードに到達するノードの集合が，同一のクラスタに含まれるノードのメンバということになる．この操作により，任意のネットワークトポロジー上でも，空間構造を表す関数が与えられればクラスタ分割が可能である．

3.2 自律分散クラスタリングのためのドリフト項設計

まず，はじめにクラスタ分割への応用を念頭に置いて，2.4.2 項で残されていた課題である関数 $f(x,t)$ を具体的に決める方法を考える[27)]．

望ましい空間構造が最初から分かっていれば，あらかじめその空間構造の形に

3.2 自律分散クラスタリングのためのドリフト項設計

合わせて $f(x,t)$ を調整しておけばよいが，そのようなケースではわざわざ自律分散的に制御する必要はなく，クラスタ構造自体を事前に直接決めてしまったほうが自然である．自律分散制御によって空間構造の生成が求められるのは，状況に応じた臨機応変なクラスタ構造を生み出すことが求められるからである．その場合，関数 $f(x,t)$ は状況に応じて決めなければならない．状況を反映した関数であって，現在の枠組みの中で利用可能なものは $q(x,t)$ 自体である．$q(x,t)$ の極大点に向かって周囲のノードからドリフトの動きが発生すれば，拡散項の平滑化効果とのバランスで，適当なサイズの空間構造が出来上がると期待できる．

関数 $f(x,t)$ の極大点に向かってドリフトを発生させるため，まず式 (3.1) のような**ポテンシャル関数** $\Phi(x,t)$ を考える．

$$\Phi(x,t) = -q(x,t) \tag{3.1}$$

式 (3.1) は，密度関数 $q(x,t)$ を上下反転させたものであり，$q(x,t)$ の極大点がポテンシャル関数 $\Phi(x,t)$ の極小点になる (**図 3.1**)．次に，$\Phi(x,t)$ の極小点に向かうように関数 $f(x,t)$ を

$$f(x,t) := -\frac{\partial \Phi(x,t)}{\partial x} \tag{3.2}$$

とすれば

$$f(x,t) = \frac{\partial q(x,t)}{\partial x} \tag{3.3}$$

を得る．したがって，**局所動作規則**は

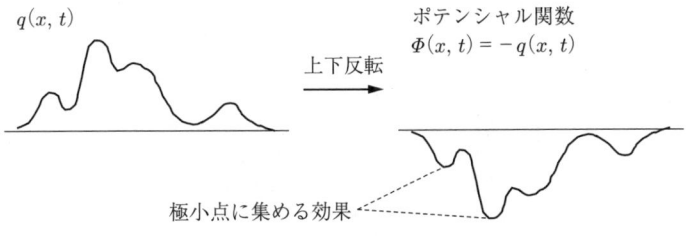

図 3.1 $q(x,t)$ の極大点に向かうドリフトを生むポテンシャル関数

3. 拡散現象に基づく自律分散クラスタリング

$$J(x,t) = -c\left(\frac{\partial q(x,t)}{\partial x}\right)q(x,t) - c\sigma^2 \frac{\partial}{\partial x}q(x,t)$$
$$= -c\frac{\partial}{\partial x}\left(\frac{1}{2}\left(q(x,t)\right)^2 + \sigma^2 q(x,t)\right) \quad (3.4)$$

となる.

図 **3.2** は,局所動作規則 (3.4) によって形成されるクラスタ構造の概念図である.初期分布 $q(x,0)$ として各ノードがそれぞれにネットワーク状況を反映した値を持っているとし,その値が大きいほどそのノードはクラスタの中心になりやすいとする.例えば,MANET では無線端末の電池残量が制限されているので,初期の時点での電池残量を初期分布の値として設定してもよい.初期分布の状態では多くの極大点が存在し,このままではクラスタの中心となるノードが群雄割拠の状態である.この状態を基にして,自律分散的な制御動作により,適当なサイズのクラスタ分割を行うことが自律分散クラスタリングの目的である.分布の極大点に向かうドリフトの効果により,それぞれの極大点が強調されるように分布が変化するが,一方で拡散の効果により細かい空間構造が平滑化されて失われる.この二つの効果のバランスにより,初期分布の形状を大まかに反映したクラスタ構造を生み出すように動作する.

局所動作規則 (2.72) で生み出される分布が,ある特定の点(原点であると指定したノードの座標位置)を中心とした正規分布であったのに対し,局所動作

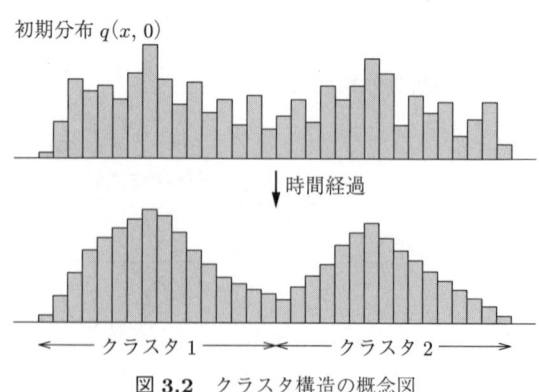

図 3.2 クラスタ構造の概念図

規則 (3.4) で生み出される分布は，分布の頂点が特定の場所に限定されておらず，また，頂点の数が複数現れることも許されている．それゆえに，初期状態に応じた多様なクラスタ構造を生み出すことが期待できる．一方で欠点も存在する．局所動作規則 (2.72) では，原点に向かうドリフトの強さが原点からの距離に比例していたので，原点から離れた場所はより強くドリフトの効果を受けていた．しかし，局所動作規則 (3.4) では，分布の頂点から離れた位置のノードに対してドリフトの効果があまり大きくならず，離れすぎると他のクラスタに属して別の方向にドリフトの効果が現れてしまう．したがって，局所動作規則 (3.4) では生み出される分布の形状が正規分布にならないだけでなく，分布の形状を維持し続けることが困難で，時間とともに平滑化してクラスタ構造が失われてしまう．

2.4.2 項 (3) の**揺動散逸定理**の議論と同様の分析を用いて，式 (3.4) の局所動作規則により平衡解 $q_{\mathrm{eq}}(x)$ が平滑化することを見ておこう．局所動作規則 (3.4) に対する平衡解の条件 $J(x,t) = 0$ から

$$\left(\frac{dq_{\mathrm{eq}}(x)}{dx}\right) q_{\mathrm{eq}}(x) + \sigma^2 \frac{dq_{\mathrm{eq}}(x)}{dx} = 0$$

となる．ここで，$q_{\mathrm{eq}}(x) = \exp(S_{\mathrm{eq}}(x))$ とすると

$$\frac{dS_{\mathrm{eq}}(x)}{dx}\left(q_{\mathrm{eq}}(x) + \sigma^2\right) = 0$$

となる．ここで，$(q_{\mathrm{eq}}(x) + \sigma^2) > 0$ であることから

$$\frac{dS_{\mathrm{eq}}(x)}{dx} = 0$$

となる．これは平衡解 $q_{\mathrm{eq}}(x)$ が完全に平滑化したことを示す．

以降では，分布の形状が平滑化する現象を回避して安定したクラスタ構造を得るための技術について述べる．

3.3 制御動作の離散的な記述

ここまで図 1.2 のように 1 次元ネットワークを連続化して考察していたが，

3. 拡散現象に基づく自律分散クラスタリング

ネットワーク上で具体的な制御方式を考える場合には，局所動作規則 (3.4) やそれに付随する偏微分方程式は，離散化して差分方程式に書き換える必要がある．そこで，まず局所動作規則 (3.4) を離散化する．

あるノード i に注目し，ノード i に隣接するノードの集合を ∂i とする．また，制御動作の時間間隔を Δt とし，t_k を k 回目の制御動作の時刻であるとする．つまり $t_k = k \times \Delta t$ である．時刻 t_k におけるノード i の分布値を $q_i(t_k)$ とすると

$$q_i(t_{k+1}) = q_i(t_k) - c\,\Delta t \sum_{j \in \partial i} \left(J_{ij}^{\mathrm{drift}}(t_k) + J_{ij}^{\mathrm{diff}}(t_k) \right) \tag{3.5}$$

となる．これは連続の式 (2.1) に対応するものである．ここで，$J_{ij}^{\mathrm{drift}}(t)$ と $J_{ij}^{\mathrm{diff}}(t)$ は，それぞれドリフトと拡散の効果から発生するノード i からノード j への単位時間当りの移動量である．$J_{ij}^{\mathrm{drift}}(t)$ と $J_{ij}^{\mathrm{diff}}(t)$ は式 (3.6) のようになる．ドリフトに関しては

$$J_{ij}^{\mathrm{drift}}(t_k) := \begin{cases} f_{ij}(t_k)\, q_i(t_k) & (f_{ij}(t_k) > 0) \\ -f_{ji}(t_k)\, q_j(t_k) & (f_{ji}(t_k) \geq 0) \end{cases} \tag{3.6}$$

$$f_{ij}(t_k) := -(\Phi_j(t_k) - \Phi_i(t_k)) \tag{3.7}$$

である．ここで，$\Phi_i(t_k) = -q_i(t_k)$ である．拡散に関しては 2.3.2 項で述べた拡散の方法の違いにより二つのタイプに分けて記述する．まず，ノードの次数に無関係な拡散として

$$J_{ij}^{\mathrm{diff}}(t_k) = -\sigma^2\, (q_j(t_k) - q_i(t_k)) \tag{3.8}$$

である．これはラプラシアン行列に基づくもので，単純にフィックの法則を反映したものである．一方，正規化ラプラシアン行列 N に基づいてノードの次数に依存する拡散として，全てのリンクについてリンクの重みが $w_{ij} = 1$ で，拡散係数が $\kappa = \sigma^2$ と考えれば，式 (2.59) から

$$J_{ij}^{\mathrm{diff}}(t_k) = \sigma^2 \left(\frac{q_i(t_k)}{d_i} - \frac{q_j(t_k)}{\sqrt{d_i\, d_j}} \right) \tag{3.9}$$

である．ただし，2章で述べたように，式 (3.9) で生み出される変化は，ノード間の移動量とは解釈できない．

この局所動作規則によって発生するドリフトの効果による移動方向，及び拡散の効果による移動方向を図示したものが，図 3.3 と図 3.4 である．拡散については，ラプラシアン行列 L によるものだけ代表して図示している．あるノード i のポテンシャル関数 $\Phi_i(t)$ が隣接ノードよりも小さければ，ドリフトの効果により隣接ノードからノード i への流入が起こる．逆にノード i のポテンシャル関数 $\Phi_i(t)$ が隣接ノードよりも大きければ，ドリフトの効果によりノード i から隣接ノードへの流出が起こる．また，あるノード i の分布値 $q_i(t)$ が隣接ノードよりも小さければ，拡散の効果により隣接ノードからノード i への流入が起こり，ノード i の分布値 $q_i(t)$ が隣接ノードよりも大きければ，拡散の効果によりノード i から隣接ノードへの流出が起こる．

図 3.3　ドリフトの効果による移動方向

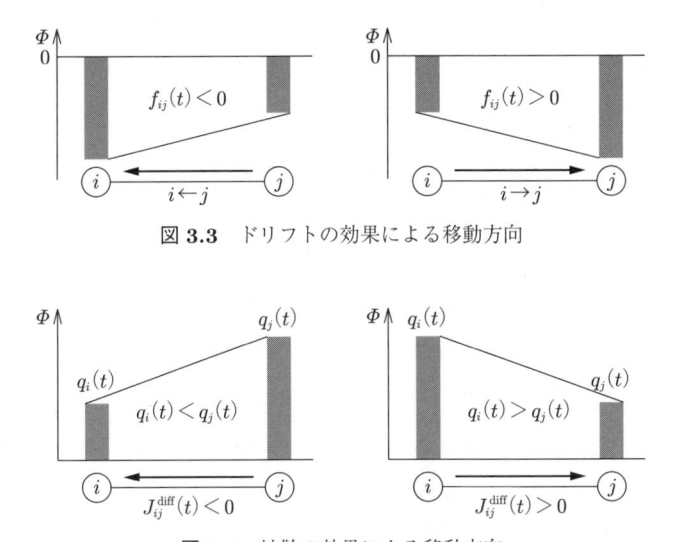

図 3.4　拡散の効果による移動方向

今，ポテンシャル関数を $\Phi_i(t) = -q_i(t)$ のようにとっているため，ポテンシャル関数の大小関係と分布値の大小関係は逆になり，ドリフトと拡散が反対の効果を生むことが分かる．

1.3.2 項の議論と同様に，式 (3.5)〜(3.8) の局所動作規則は，注目しているノードとその隣接ノードのみで記述できるため，差分化しても任意のネットワークトポロジーに対して動作を決めることができる．

3.4 クラスタ構造の安定化技術

離散化した局所動作規則に基づいて，時間とともに分布が空間的に平滑化してしまうのを防止し，クラスタ構造を得るための技術について述べる．

3.4.1 逆拡散ポテンシャル

空間構造は，ドリフトと拡散の効果を自律分散的にバランスさせることで生み出している．分布の形状を維持する方向に働くのはドリフトの効果であり，ドリフトを強くかけることができれば，分布の平滑化を防止することができる．ここでは，ドリフトを決めるポテンシャル関数に逆拡散の操作を導入することでドリフトの効果を強くする方法を説明する[27]．

逆拡散の操作のイメージは，拡散現象の時間を逆回しにするものであり，図 2.4 や図 2.5 において右図から左図のように変化する動きを考えてほしい．図 3.5 は，逆拡散を利用してドリフトを強くかける方法の概念図である．図 3.1 では，分布 $q(x,t)$ をそのまま上下反転してポテンシャル関数 $\Phi(x,t)$ を作っていたが，ここではまず分布 $q(x,t)$ に逆拡散の操作を施してピークを強調するように変形する．これによって，元の分布が持つ空間的な特徴を際立たせる効果を加える．その後に上下反転してポテンシャル関数を作る．

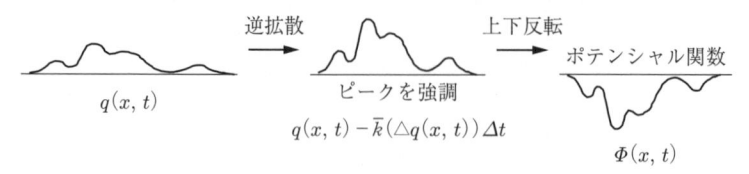

図 **3.5** 逆拡散を利用してドリフトを強くかける方法の概念図

逆拡散を考えるときに注意すべきことは，拡散現象の過去は一意には決まらないことである．どのような初期分布から出発しても，拡散現象によって正規分布に近づいていくことは既に 2.4.1 項（2）で議論したとおりである．しかし，逆に正規分布から元の多様な初期状態を再現することはできない．つまり，拡散が進むに従って初期分布が持っていた空間的な特性の情報が失われてしまう．

拡散現象では，隣接するノード間に，分布値の高いほうから低いほうに向けて分布値の差に比例した量の移動が生じる．この移動を逆にする方法が逆拡散である．拡散現象の過去の状態が一意には定まらないことを反映し，逆拡散の規則は拡散現象の反対の動きとして自動的に決まるものではなく，規則を人為的に定義する必要がある．典型的な方法として以下の二つの方式が考えられる．

- **勾配比例方式**　隣接ノード間の分布値の移動は分布量の低いノードから高いノードに向かって起こり，その移動量は分布値の差に比例する．自ノードより高い分布値を持つノードが複数ある場合，それぞれのノードに向けて分布値の差に応じて按分した複数の流れが発生することになる．拡散の場合，ノードの次数に関する依存性の有無で異なる動作ルールを与えたのと同様に，逆拡散の場合もノードの次数依存性を考慮することもできる．

- **最急勾配方式**　あるノードからの分布値の移動は，そのノードが極大点でない場合，隣接するノードのうちで最も大きな分布値を持つノードに対してのみ起き，その移動量は分布値の差に比例する．そのノードが極大点の場合，そこから隣接ノードに向かう移動は生じない．自ノードより高い分布値を持つノードが複数あったとしても，そのうちで分布値が最大となるノードに向かう移動のみが発生する．

それぞれの逆拡散の方法について，具体的な動作手順を説明する．自律分散クラスタ方式の具体的な手順は 3.3 節で述べた方法のうち，ドリフト項のポテンシャル関数 $\Phi_i(t_k)$ の決め方が以下のように変更されるだけである．

勾配比例方式の場合のポテンシャル関数は，逆拡散の流れの方向での場合分けをせずに

$$\Phi_i(t_k) = -\left(q_i(t_k) - \bar{\kappa}\Delta t \sum_{j \in \partial i} J_{ij}^{\text{back}}(t_k)\right) \tag{3.10}$$

のように表す.ここで,$J_{ij}^{\text{back}}(t_k)$ は分布 $q_i(t)$ の逆拡散の操作に対応する単位時間当りの移動レートであり,ノード $i \to j$ を正方向としている.また,$\bar{\kappa} > 0$ は逆拡散の強さを決める定数,∂i はノード i に隣接するノードの集合である.局所動作ルールがノードの次数に依存しない場合は $J_{ij}^{\text{back}}(t_k)$ を式 (3.11) のように与える.

$$J_{ij}^{\text{back}}(t_k) = (q_j(t_k) - q_i(t_k)) \tag{3.11}$$

式 (3.11) は,自ノードより分布値の高いノードに対して,分布値の差に比例した移動量が生じることを示している.式 (2.59) による次数依存性を考慮する場合は

$$J_{ij}^{\text{back}}(t_k) = \left(\frac{q_j(t_k)}{\sqrt{d_i d_j}} - \frac{q_i(t_k)}{d_i}\right) \tag{3.12}$$

とする.式 (3.12) は分布値の移動量としての解釈はできないが,ノードの次数で補正された分布量の値を考えれば,自ノードより値の高いノードに対して,値の差に比例した移動量が生じることを示している.どちらの場合でもノード i でのポテンシャル関数 $\Phi_i(t_k)$ の決定には,ノード i 自体の分布値とノード i に隣接するノードの分布値のみから計算できる.

最急勾配方式の場合のポテンシャル関数は,逆拡散の流れの方向に関する場合分けをして

$$\Phi_i(t_k) = -\left(q_i(t_k) - \bar{\kappa}\Delta t \sum_{j \in \partial i} \left(J_{[i \to j]}^{\text{back}}(t_k) - J_{[j \to i]}^{\text{back}}(t_k)\right)\right) \tag{3.13}$$

のように表す.ここで,$J_{[i \to j]}^{\text{back}}(t_k)$ は分布 $q_i(t)$ の逆拡散の操作に対応するノード $i \to j$ 方向の単位時間当りの移動レートである.このとき局所動作規則は以下のようになる.

$$J^{\text{back}}_{[i\to j]}(t_k) = \begin{cases} q_j(t_k) - q_i(t_k) & (\Delta q_i^{\max}(t_k) = q_j(t_k) - q_i(t_k)) \\ 0 & (\Delta q_i^{\max}(t_k) \neq q_j(t_k) - q_i(t_k)) \end{cases} \quad j \in \partial i \tag{3.14}$$

ただし

$$\Delta q_i^{\max}(t_k) := \max\left(\max_{j\in\partial i}(q_j(t_k) - q_i(t_k)), 0\right) \tag{3.15}$$

である．この手順では，まず $\Delta q_i^{\max}(t_k)$ で分布値の差の最大値（最急勾配）を決め，そのうえで式 (3.14) において，最大の分布値を持つノードにのみ分布値の差に比例した移動量が生じることを示している．式 (3.13) は，ノード i から流出する移動と流入する移動の効果を合わせて考えたものである．この方法も，ノード i でのポテンシャル関数 $\Phi_i(t_k)$ の決定には，ノード i 自体の分布値とノード i に隣接するノードの分布値のみから計算することができるため，自律分散制御の枠組みで実現可能である．

3.4.2 拡散とドリフトの強さの自律調整機構

逆拡散を導入したことで，ドリフトの働きに対して初期分布の形状をより強く反映させることができるようになった．それとともに，ドリフトによる分布の先鋭化と拡散による分布の平滑化のバランスを調整できるようになった．

ドリフトと拡散の相対的な強さがどのような影響を及ぼすのか整理する．図 **3.6** は，ドリフトと拡散の強さによって，初期分布がどのように変化するのかを示したものである．ドリフトの強さが相対的に拡散より強いと，初期分布の形状が持つ凹凸を極端に強調するように変化する．これにより，初期分布が持っている極大点がそのままクラスタの中心として生き残る．例えば，初期分布の値が空間的にばらついていた場合，分布の極大値は群雄割拠のままで非常に多くのクラスタに分割される．ここには空間構造の粗視化が働いておらず，適当な空間スケールを持つクラスタ構造の生成にはつながらない．一方，拡散の強さが相対的にドリフトより強ければ，初期分布の構造は粗視化され，初期分布

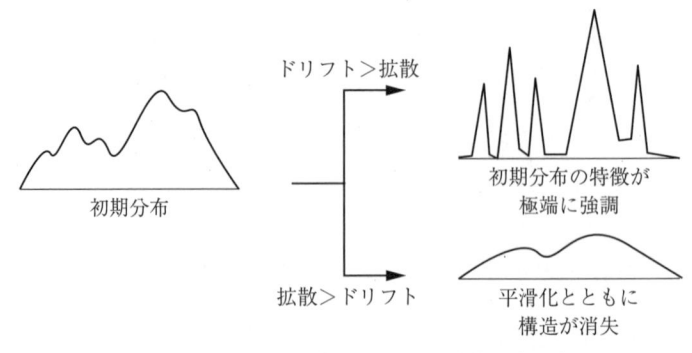

図中テキスト:
- ドリフト＞拡散
- 初期分布
- 初期分布の特徴が極端に強調
- 拡散＞ドリフト
- 平滑化とともに構造が消失

図 3.6 ドリフトと拡散の強さによる初期分布の変化

の空間構造がそのまま生き残ることはない．しかし拡散の効果は時間とともに空間構造を平滑化し，最終的には分布のピークが一つになり，クラスタ構造が失われる．

　もし，あらかじめドリフトと拡散の効果がうまく釣り合うようにパラメータを調整できれば，分布が時間とともに平滑化してクラスタ構造が失われることを回避して，安定したクラスタ構造を得ることができるかもしれない．しかし，このバランスは非常に微妙なもので，ネットワークトポロジーなどの外部条件にも依存するため，実際には両者の強さを完全に調整することは難しい．

　ここでは，拡散とドリフトの強さのバランスを，あらかじめ調整しておくのではなく，ネットワーク状態に応じて自律調整しながら動作する機構を考える．図 3.7 は，拡散係数の**自律調整機構**のコンセプトを表したものである．ドリフトと拡散の強さの調整では，相対的な強さが調整できればよく，また，ドリフトよりも拡散のほうが制御のしくみが単純で両者の相対的な強さのバランスを調整しやすいため，拡散係数のみを自律調整する技術として考える．まず，初期分布から出発して相対的にドリフトが強い場合は図 (a) の状態に，また拡散が強い場合は図 (c) の状態になる．このとき，ドリフトと拡散の相対的な強さを自律的に判断し，ドリフトが強い場合は拡散係数を大きくし，拡散が強い場合は拡散係数を小さくするように自律調整する．この操作を常に行いながらドリフトと拡散のバランスをとることで，ドリフトと拡散の効果が釣り合った状

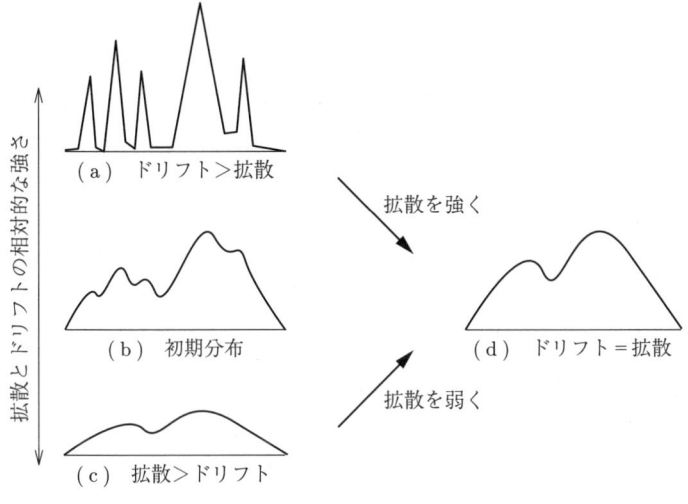

3.4 クラスタ構造の安定化技術   89

図 3.7 拡散係数の自律調整機構のコンセプト

態を実現できる．このようにして得られる状態は，初期分布の空間的特徴をある程度残しながら，粗視化によってある程度の空間スケール以下の細かい構造には影響されないクラスタの実現が期待できる．

まず概念的な説明をするために，連続的なネットワークモデルで説明する．局所動作規則 (2.77) において $f(x,t)$ は逆拡散を考慮して決めたものであるとする．更に拡散係数を調整するために新しい関数 $g \geqq 0$ を導入して

$$J(x,t) = -c f(x,t) q(x,t) - c\sigma^2 g(x,t) \frac{\partial}{\partial x} q(x,t)$$

を出発点とする．図 3.7 のように状況に応じて拡散の強さを変えるための方法として，分布の勾配 $\partial q(x,t)/\partial x$ に注目する方法が考えられる．分布が図 (a) のように変化すれば，極大値周辺の勾配は急峻になり，逆に図 (c) のように平滑化すると極大値周辺の勾配は緩やかになる．そこで，関数 g を分布の勾配 $\partial q(x,t)/\partial x$ の絶対値 $|\partial q(x,t)/\partial x|$ の関数

$$g := g\left(\left|\frac{\partial q(x,t)}{\partial x}\right|\right)$$

と考えて，式 (3.16) のようにする．

$$J(x,t) = -c\,f(x,t)\,q(x,t) - c\,\sigma^2\,g(|\nabla q(x,t)|)\,\frac{\partial}{\partial x}q(x,t) \qquad (3.16)$$

ここで，$\nabla q(x,t) := \partial q(x,t)/\partial x$ と略記した．

次に関数 $g(\cdot)$ の具体的な形を考える．拡散の強さの自律調整を実現するために，以下の3条件を要請する．

- $g(\cdot)$ は単調増加関数であること．
- $g(\cdot)$ は有界関数であること．
- 望ましい $|\nabla q(x,t)|$ の値の周辺で $g(\cdot)$ の傾きが大きくなること．

最初の条件は，拡散係数の自律調整のために絶対必要な条件である．続いて二つめの条件について説明する．$g(|\nabla q(x,t)|)$ を大きくすると拡散が強く働くようになるが，条件 (2.36) からも分かるように，拡散の効果を強くしすぎると移動させる分布量が足りなくなる．分布量は非負であるので，足りない場合に存在する以上の量を移動させることはできない．したがって，$g(|\nabla q(x,t)|)$ の値が大きすぎても，実質上は拡散の効果が強くならない．このため，拡散が有効に働く適当な範囲で $g(|\nabla q(x,t)|)$ の上限を決める必要がある．最後に三つめの条件について説明する．$g(|\nabla q(x,t)|)$ は有界であるとしたが，上限値や下限値の周辺は，拡散またはドリフトが支配的に働く極端な領域である．すると，$|\nabla q(x,t)|$ が望ましい値から大きく外れた場合は，拡散またはドリフトが支配的に働く状態にして，早期に望ましい値に復帰させることが求められる．そのため，$g(|\nabla q(x,t)|)$ の傾きは $|\nabla q(x,t)|$ の望ましい値の周辺で大きくなるように設計すべきだと考えられる．

上記3条件を満たす関数として，ここでは，以下に示すようなロジスティック曲線を考える．

$$g(|\nabla q(x,t)|) = \frac{1}{1 + e^{-(|\nabla q(x,t)| - a)}} \qquad (3.17)$$

ここで，a は $|\nabla q(x,t)|$ の望ましい値とする．なお，$g(|\nabla q(x,t)|)$ が特にロジスティック曲線でなければならない必然性はなく，あくまで上記3条件を満たす関数の一例にすぎないことに注意する．図 **3.8** は，$a = 5$ とした場合の

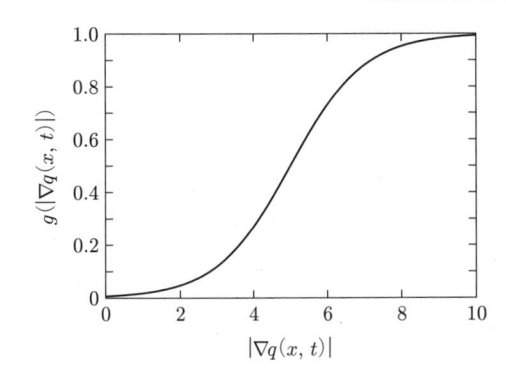

図 3.8 $a=5$ とした場合の $g(|\nabla q(x,t)|)$ の具体的な関数形の例

$g(|\nabla q(x,t)|)$ の具体的な関数形の例を図示したものである．図を見ると，上記3条件を満たしていることが確認できる．

上記の考え方を，差分方程式を用いて実際の自律分散制御の動作手順に書き換えると以下のようになる．基本的な動作規則は 3.3 節に示したアルゴリズムで，式 (3.7) に現れるドリフト項を決めるためのポテンシャル関数 $\Phi_i(t_k)$ として，逆拡散を考慮したものを使用する．具体的には式 (3.13) に従い，$J_{ij}^{\mathrm{back}}(t_k)$ の算出には勾配比例方式 (3.11) または最急勾配方式 (3.14) のいずれかを用いる．更に，今回の自律調整機構のための変更として，拡散を司る部分の式 (3.8) を

$$J_{ij}^{\mathrm{diff}}(t_k) := -\sigma^2 \, g(|q_j(t_k) - q_i(t_k)|)\,(q_j(t_k) - q_i(t_k)) \tag{3.18}$$

と変更する．ここで

$$g(|q_j(t_k) - q_i(t_k)|) = \frac{1}{1 + e^{-(|q_j(t_k) - q_i(t_k)| - a)}} \tag{3.19}$$

である．

この方法で拡散の強さの自律調整を行うことにより，分布 $q(x,t)$ のレンジ $\max_x q(x,t) - \min_x q(x,t)$ が時間が経過しても一定値になるように推移し，平滑化によってクラスタ構造が失われることを防止できることが分かっている[28]．

次に，上記手順における関数 g の 3 条件の重要性を具体的な評価で見てみる．1 km × 1 km の空間上に 1 600 台の無線端末をランダムに配置し，それぞれの

端末の電波到達範囲を 60 m として，**単位円グラフ** (unit disk graph) によってネットワークモデルを作成した．ここで単位円グラフとは，ノードから一定の距離（この場合は電波到達範囲をモデル化している）以内に存在するノードに対してのみリンクを張ることで形成されるネットワークである．また境界条件は周期境界条件で，空間領域の上下及び左右の辺をトーラス状に繋いでいる．ここで，**トーラス**とはドーナッツの表面のような構造を持つもので，正方形の 2 次元領域の上辺と下辺を同一視し，また左辺と右辺を同一視することで得られる．このような境界条件は，ファミコン（ファミリーコンピュータ）Ⓡ 時代のドラゴンクエストⓇ の地図を想像してもらえればよい．ノードの初期分布は市松模様状の空間パターンを持たせて図 3.9 のように与えた．ここで，分布値の大きい領域と小さい領域が市松模様のように配置されており，分布値の大きい領域は区間 [0, 10] の一様乱数，分布値の小さい領域は区間 [0, 1] の一様乱数によって初期の分布値を与えた．図は色の明暗によって分布値の大小を表現していて，明るい色ほど大きな分布値を表している．

図 3.9 市松模様状の空間パターンを持つ初期分布

初期分布に対して拡散の強さの自律調整機構を備えた自律分散クラスタリングを適用し，十分時間が経過した後の結果が**図 3.10** である．ここで，拡散はラプラシアン行列による拡散，逆拡散は最急勾配方式を採用し，$c = 2 \times 10^{-5}$, $\bar{\kappa} = 0.5$, $\sigma^2 = 500$ である．図 (a) は分布の大小を色の明暗によって表現したもので，図 (b) はそれによって決まるクラスタ構造を地図の塗り分けと同じ要領で表示したものである．同じ色は同じクラスタに属することを意味する．この結果より，初期条件の空間構造を反映したクラスタ分割が実現していること

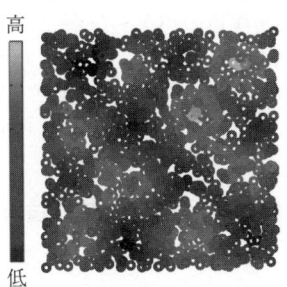

3.4 クラスタ構造の安定化技術　　93

(a) 分布の大小を色の明暗によって表現したもの

(b) 図(a)によって決まるクラスタ構造を地図の塗り分けと同じ要領で表示したもの

図 **3.10** $g(|\nabla q(x,t)|)$ をロジスティック曲線で与えた場合のクラスタ構造

が分かる．

この結果との比較対象として

$$g(|q_j(t_k) - q_i(t_k)|) = |q_j(t_k) - q_i(t_k)|$$

を考える．これは $g(|\nabla q(x,t)|)$ の満たすべき3条件のうち，2番目と3番目を満たさない．勾配の絶対値 $|q_j(t_k)-q_i(t_k)|$ が増加すればいくらでも $g(|\nabla q(x,t)|)$ は大きくなり，また傾きはどこでも一定である．先ほどの評価条件で $g(|\nabla q(x,t)|)$ のみを変えて評価した結果が図 **3.11** である．クラスタ分割のパターンが複雑

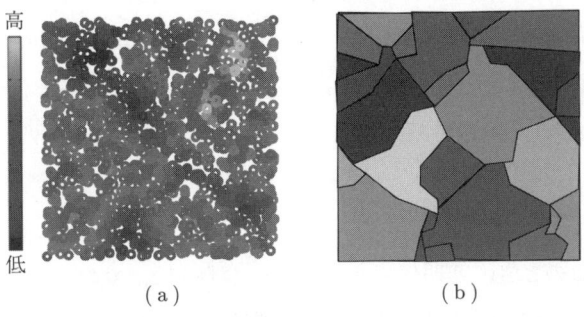

(a)　　　　　　　　(b)

図 **3.11** $g(|\nabla q(x,t)|) = |\nabla q(x,t)|$ とした場合のクラスタ構造

になっており，初期分布の持っていた空間構造のパターンが正確に反映されていないことが分かる．この結果から，$g(|\nabla q(x,t)|)$ に課した3条件の意義が理解できる．

3.4.3 空間構造の履歴情報を用いたクラスタ構造の安定化技術

ドリフトと拡散の強さを自律調整する以外の方法でクラスタ構造の安定化を図る技術として，実質的に分布の時間発展を停止させるように動作させる方法が考えられる．ただし，分布の時間発展を本当に停止してしまっては，周囲状況の動的変化をクラスタ構造に反映することができなくなる．本項では，周囲状況の動的変化をクラスタ構造に常に反映することと，与えられた周囲状況に対して安定したクラスタ構造を与えることが両立するような，クラスタ構造の安定化技術を示す[29]．

基本となる自律分散クラスタリング方式は 3.3 節で示したもの，またはその方法に 3.4.1 項で示した逆拡散を考慮したものである．逆拡散の方法は勾配比例方式と最急勾配方式のどちらでもよい．それらのバリエーションも含めた時間発展規則 (3.5) をまとめて

$$q_i(t_{k+1}) = \mathcal{T}(q_i(t_k), q_j(t_k) \,|\, j \in \partial i) \tag{3.20}$$

と書く．ここで，∂i はノード i に隣接するノードの集合である．式 (3.20) の意味は，ノード i での分布値の時間発展は，ノード i 自体での分布値とその隣接ノードの分布値から決定できる，というもので，自律分散制御の枠組みに合った制御方法であることを示している．式 (3.20) から生成できるノード i での空間構造分布 $q_i(t)$ の離散時刻 $t_0, t_1, \cdots$ に関する時間発展の系列

$$\{q_i(t_0), q_i(t_1), q_i(t_2), \cdots\}$$

を考える．このとき，初期値である $q_i(t_0)$ は時刻 t_0 でのノード i の状態量 $q_{\text{init}}(i, t_0)$ によって与えられるとする．状態量 $q_{\text{init}}(i, t_0)$ はネットワークの状況を反映した量であって，自律分散クラスタリングの制御とは無関係に与えられ

3.4 クラスタ構造の安定化技術

るものとする．時刻 t_0 でのノード i の電池残量を状態量の一例として挙げる．

次に，空間構造分布の履歴を管理するために，以下のような $N+1$ 成分を持つベクトル

$$\boldsymbol{Q}(i,t_k) = \{Q_0(i,t_k), Q_1(i,t_k), Q_2(i,t_k), \cdots, Q_N(i,t_k)\} \quad (3.21)$$

を考える．$\boldsymbol{Q}(i,t_k)$ は時刻 t_k におけるノード i の空間構造分布の履歴情報を表現する状態ベクトルであり，**空間構造ベクトル**と呼ぶ．先ほど考えた時刻 t_0 におけるノード i の状態量を初期分布

$$q_i(t_0) := q_{\mathrm{init}}(i,t_0)$$

として生成される系列 $\{q_i(t_0), q_i(t_1), q_i(t_2), \cdots\}$ と空間構造ベクトル $\boldsymbol{Q}(i,t_k)$ の関係は

$$Q_0(i,t_0) := q_i(t_0) = q_{\mathrm{init}}(i,t_0)$$

$$Q_1(i,t_1) := q_i(t_1)$$

$$Q_2(i,t_2) := q_i(t_2)$$

$$Q_3(i,t_3) := q_i(t_3)$$

$$\vdots$$

である．少し一般化して，時刻 t_k でのノード i の状態量 $q_{\mathrm{init}}(i,t_k)$ をその時刻での初期分布

$$q_i(t_k) := q_{\mathrm{init}}(i,t_k)$$

として，式 (3.20) から生成される系列 $\{q_i(t_k), q_i(t_{k+1}), q_i(t_{k+2}), \cdots\}$ を考える．この系列と空間構造ベクトル $\boldsymbol{Q}(i,t_k)$ の関係は

$$\left.\begin{aligned}Q_0(i,t_k) &:= q_i(t_k) = q_{\text{init}}(i,t_k) \\ Q_1(i,t_{k+1}) &:= q_i(t_{k+1}) \\ Q_2(i,t_{k+2}) &:= q_i(t_{k+2}) \\ Q_3(i,t_{k+3}) &:= q_i(t_{k+3}) \\ &\vdots \end{aligned}\right\} \tag{3.22}$$

である．図 **3.12** は，このようにしてできる空間構造ベクトル $\boldsymbol{Q}(i,t_k)$ の構造と更新方法を表したものである．この図は，あるノード i が持つ空間構造ベクトル $\boldsymbol{Q}(i,t_k)$ の成分が，時刻 $t_{k-1}, t_k, t_{k+1}, t_{k+2}$ でどのように更新されるかを示している．まず，時刻 t_k の系列に注目する．その時刻でのノード i の状態 $q_{\text{init}}(i,t_k)$ が空間構造ベクトルの第 0 成分

$$Q_0(i,t_k) = q_{\text{init}}(i,t_k) \ (= q_i(t_k)) \tag{3.23}$$

になる．これは式 (3.22) の $q_i(t_k)$ である．次に式 (3.20) から $q_i(t_{k+1})$ を生成し，それが次の時刻の一つ上の成分である

$$Q_1(i,t_{k+1}) = q_i(t_{k+1})$$

に格納される．一般に，$q_i(t_k)$ を初期分布として生成した $q_i(t_{k+l})$ は

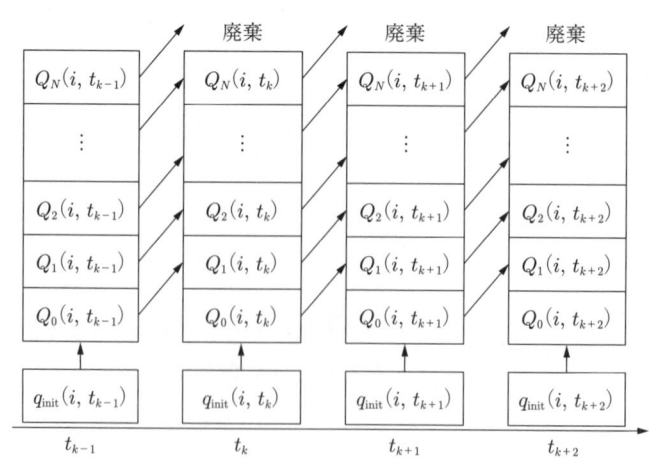

図 **3.12** 空間構造ベクトル $\boldsymbol{Q}(i,t_k)$ の構造と更新方法

$$Q_l(i, t_{k+l}) = q_i(t_{k+l})$$

に格納される．このとき，空間構造ベクトルは第 N 成分までなので，格納できないものは廃棄する．

このような手順で構成される空間構造ベクトル $\boldsymbol{Q}(i,t_k)$ の成分を，特定の時刻 t_k について見てみると，第 n 成分 $(n=0,1,\cdots,N)$ には，時刻 t_{k-n} でのノード状態 $q_{\mathrm{init}}(i,t_{k-n})$ を初期値として n 回の時間発展をさせた分布量が格納されていることが理解できる．

もし，ネットワークの状態量 $q_{\mathrm{init}}(i,t_0)$ が時間変化しないとすると，初期分布 $Q_0(i,t_k)$ は時刻によらず一定で，その場合，空間構造ベクトルの第 n 成分 $Q_n(i,t_k)$ も時刻によらず一定値となる．図 **3.13** は，各時刻の分布値として空間構造ベクトルのある成分にのみ注目する方法を示したものである．注目する第 n 成分の n が小さい場合，初期分布からの時間発展の回数が少ないため，初期分布の詳細な構造を残した平均サイズの小さなクラスタが得られる．逆に n が大きい場合，平滑化が進んで平均サイズの大きなクラスタが得られる．図では，注目するベクトル成分の違い（点線で囲まれた上下の四角い領域）によっ

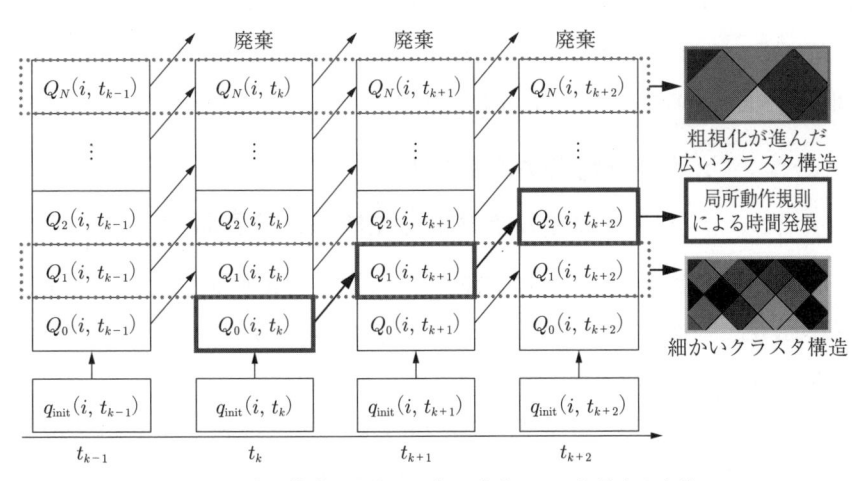

図 **3.13** 空間構造ベクトルのある成分にのみ注目する方法によるクラスタ構造の安定化技術

て，得られるクラスタ構造の違いを示している．ここで太線で囲まれた部分が，時刻 t_k でのノード状態 $q_{\text{init}}(i, t_k)$ を初期値として式 (3.20) から得られる系列を示している．

時間が経過すると，平滑化のためにクラスタの空間構造が失われてしまうという問題は，図の太線で囲まれた部分に対応する．一方，分布とその時間発展の履歴を空間構造ベクトル $\boldsymbol{Q}(i, t_k)$ で管理することによって，特定のベクトル成分に注目することで実質的に時間発展を途中で止めることができ，安定したクラスタ構造を得ることができる．また，ネットワークの状況変化によりノードの状態 $q_{\text{init}}(i, t_k)$ が変化し，空間構造ベクトルの第 0 成分が変化したとしても，空間構造ベクトルはそれに応じて変化し，ネットワーク状況に適応したクラスタ構造を生み出すことができる．

最後に，クラスタ構造を空間構造ベクトル $\boldsymbol{Q}(i, t_k)$ で管理する技術と，逆拡散の方法の組合せについて考察する．**最急勾配方式**は，周囲ノードとの分布値の比較を行い，差が最も大きなノードを選ぶ処理が必要である．この操作によって選ばれたノードは，空間構造ベクトルの成分ごとに異なってしまう可能性があり，その場合は逆拡散でどの方向に移動を引き起こすか，空間構造ベクトルの成分ごとの対応が必要である．一方，**勾配比例方式**は隣接ノードごとに異なる対処は不要で，統一的な扱いが可能である．このため，分布の時間発展は空間構造ベクトルのまま一括で行うことができ，組合せとして相性がよい．

3.5 偏微分方程式に基づく その他の空間構造生成法と注意事項

偏微分方程式を解くための常套手段として，フーリエ変換に基づく方法が知られている．一例としては既に 2.1.3 項（2）で見たとおりであり，座標空間での微分が周波数空間での積に変換されて扱いが容易になる．

偏微分方程式に基づく自律分散制御の中でもフーリエ変換を利用した方法として，三角関数によって同一サイズで周期的な空間構造を生成し，センサネッ

3.5 偏微分方程式に基づくその他の空間構造生成法と注意事項

トワークのクラスタ分割に適用する技術が提案されている[30],[31]．ここでいうフーリエ変換は，通常の 2 次元平面を自然に離散化した図 1.4 (a) の格子状ネットワークに基づくものである．

このタイプのフーリエ変換を利用した技術を適用するには，以下の点に注意する．

- **ネットワーク上での周波数の定義**　空間構造を 2 次元平面のフーリエ変換によって周波数空間で表現するためには，2 次元平面上の空間変化を記述する周波数が定義されなければならない．このタイプの周波数の定義には大域的に導入された座標系の存在が不可欠である．ネットワークに座標系を導入するためには，つまり隣接した近いノードには近い数字を与えるようにノード位置を表現する規則を，ネットワーク全体で矛盾なく行うためには，ネットワークトポロジーとして特殊なものに限定する必要がある．例えば，図 1.4 (a) のような格子状のネットワークは，座標系を自然に導入できるネットワークトポロジーの例である．完全な格子状ネットワークでなくても，近似的に同様の規則性があれば，周波数を導入することが可能である[31]．しかし，一般のネットワークでは必ずしもうまくいかない．一般のネットワーク上でのフーリエ変換は 2.3.3 項の方法で導入できるが，これはネットワークのノードを 2 次元平面に配置したときに，視覚的に分かるような規則正しい構造に対応するとは限らない．このため，適用するネットワークトポロジーの構造に注意して取り扱う必要がある．

- **高階微分の取扱い**　フーリエ変換を利用した方法では，偏微分方程式に空間に関する高階微分が出現する．既に 1.3.2 項（3）で議論したように，ネットワーク上で局所的に（つまり自ノードと隣接ノードのみで）定義可能なのは 2 階微分までで，それ以上の階数の微分は隣接ノードに更に隣接するノードの情報が必要になる．また，ネットワークトポロジーが部分的にでも格子ネットワークに準じた規則性を持たなければ，隣接

ノードに更に隣接するノードを適切に特定することができない．このため，高階微分をネットワーク上でどのように定義するかに注意して取り扱う必要がある．ちなみに高階微分の操作を持ち込むためには，自律分散制御に必要な局所情報は自ノードと隣接ノードの情報に限定されず，もう少し広い範囲にあるノード情報が必要となることにも注意する．

この方法は，直接の応用としてセンサネットワークのクラスタリングを想定している．センサネットワークではセンサノードが（地面のような）平面に配置され，センサノード間のリンクはセンサノードの電波到達範囲内にあるもの同士で張られる．この意味で，センサネットワークのトポロジーは2次元平面の構造を強く反映しているといえる．つまり，一般のネットワークトポロジーで起こりうるような，距離が離れたノード同士が直接リンクするといったことが起きない．そのため，上記の注意事項に抵触しにくい構造を持ったネットワークの例であるといえる．

生物のしくみを模擬した空間構造の形成法として，**チューリングパターン** (Turing pattern) を利用したモデルが知られている[32]～[34]．チューリングパターンとは，システムから自発的に生み出される空間パターンの一種で，動物の体表に現れる幾何学的な模様の発生機構を説明するモデルとして知られている．(x,y) 平面上に**活性因子** $a(x,y;t)$ と**抑制因子** $h(x,y;t)$ を考え，**反応拡散方程式** (reaction-diffusion equation) と呼ばれる以下の連立偏微分方程式を考える．

$$\frac{\partial a(x,y;t)}{\partial t} = f(a,h;t) + D_a \triangle a(x,y;t)$$
$$\frac{\partial h(x,y;t)}{\partial t} = g(a,h;t) + D_h \triangle h(x,y;t)$$

これらの式で，右辺第1項の $f(a,h;t)$ 及び $g(a,h;t)$ は反応項と呼ばれ，活性因子と抑制因子の相互作用を表している．また，右辺第2項は拡散項と呼ばれ，活性因子と抑制因子の空間的な広がり方を規定していて，パラメータ D_a，D_h は拡散係数である．

反応項と拡散項の具体的な働きは以下のとおりである．まず反応項の関数は

3.5 偏微分方程式に基づくその他の空間構造生成法と注意事項

$$f(a,h;t) = \frac{c\,a(x,y;t)}{h(x,y;t)} - \mu_a\,a(x,y;t) + \rho_a$$

$$h(a,h;t) = c\,a(x,y;t) - \mu_h\,h(x,y;t) + \rho_h$$

で与えられ，c, μ_a, μ_h, ρ_a, ρ_h は定数である．反応項の意味を定性的に説明すると，活性因子の存在はその場所での活性因子及び抑制因子がともに増加することを促進する方向に働き，抑制因子の存在はその場所での活性因子増加を抑える方向に働くと表現できる．図 **3.14** に活性因子と抑制因子の反応を示す．ちなみに右辺第 2 項は自己分解の反応，右辺第 3 項は自然に生成される反応のレートを表している．

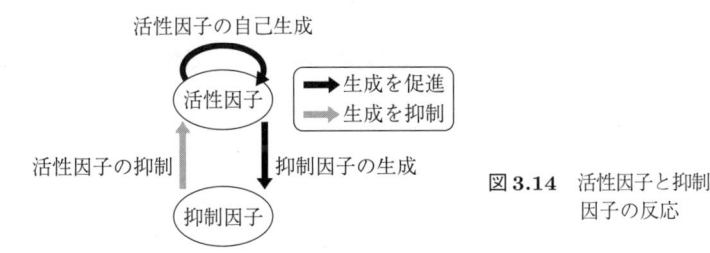

図 **3.14** 活性因子と抑制因子の反応

次に拡散項であるが，抑制因子が活性因子よりも速く空間的に広がりやすいように

$$D_h > D_a$$

とするところが反応拡散方程式のポイントである．反応項と拡散項の働きがうまく作用し合うと，以下のような状況が生まれる．ある点に存在する活性因子が，活性因子と抑制因子の両方を増殖させる．そのとき，抑制因子は素早く空間内に拡散し，周囲で活性因子が増加するのを押さえ込む．周囲で活性因子が押さえ込まれると，活性因子だけでなく抑制因子の増殖も抑えられる．抑制因子が少なくなると，活性因子の働きによって活性因子と抑制因子の両方を増殖し，抑制因子のほうが素早く周囲に伝わっていく．このようなプロセスを繰り返すと，空間内の活性因子の分布にムラができ，それが空間内の幾何学的なパ

ターンとなって現れる．参考文献 35) で公開されている反応拡散方程式のシミュレータを用いて，1 次元の反応拡散方程式による活性因子と抑制因子の振舞いを評価したものが図 3.15 である．

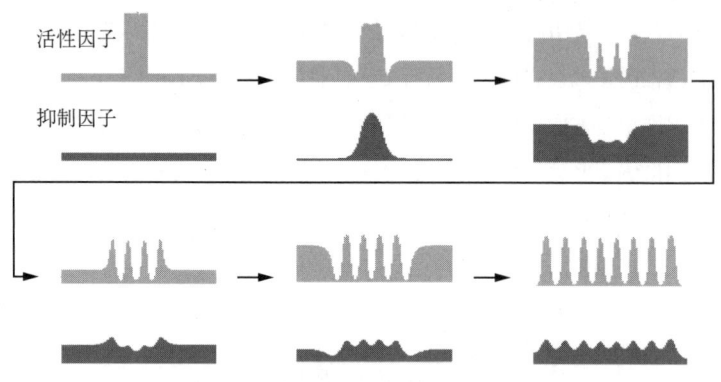

図 3.15 反応拡散方程式によりチューリングパターンが現れる様子

チューリングパターンを利用した空間構造の生成法[32]は反応拡散方程式に基づいているため，空間に関する微分は 2 階までしか現れない．そのため 1.3.2 項 (3) 及び (4) で議論したように，ノードの動作規則は自ノードとその隣接ノードのみの局所情報で決定可能であり，自律分散的な動作が可能であって任意のネットワークトポロジーにも適用可能である．この方式を実際のネットワークに適用するには，以下の点に注意する必要がある．

- **パラメータの設定**　　チューリングパターンを生み出すためには，活性因子と抑制因子の微妙なバランスが必要である．ところが，調整可能な任意パラメータは $D_a, D_h, c, \mu_a, \mu_h, \rho_a, \rho_h$ の 7 個あり，これだけのパラメータを適切に設定するのは難しい．特に情報ネットワークでは，ネットワークトポロジーやノードの状態は様々であるため，それらの状況を踏まえて動的に適切なパラメータ設定を行うのは更に困難である．

- **ネットワークトポロジーの制限**　　反応拡散方程式に基づく方法は，自律分散制御の動作規則としては任意のネットワークトポロジーに適用可

3.5 偏微分方程式に基づくその他の空間構造生成法と注意事項

能であるが，チューリングパターンを生み出す際に，空間のトポロジー構造（遠い近いの情報）を利用している．つまり，活性因子と抑制因子の伝搬速度の差が空間パターンを生み出すように動作している．そのため，規則的なパターンの出現にはノードの空間配置に合わせたトポロジー構造が必要で，遠くのノードと直接リンクが張られていたら空間パターンが乱れてしまうのである．そのため，原理的には任意のネットワークトポロジーに適用可能な動作規則に基づいてはいるが，規則的な空間パターンの生成には近隣のノード同士が繋がっているネットワークトポロジーが求められる．

後者の注意は，センサネットワークを対象とする限りは，電波到達範囲の関係で極端に距離が離れたノード同士が直接リンクするといったことが起きないので問題はないかもしれないが，一般のネットワークに適用するときは注意を要する．この事情は，フーリエ変換に基づいた方法に課されたネットワークトポロジーの制限と同様である．

最後に，フーリエ変換を利用した方法とチューリングパターンに基づく方法の双方に関連する注意点を挙げる．

- **生成される空間パターンの画一性**　どちらの方法も，初期状態の分布にはかかわらず，適当な周期で繰り返すような空間パターンを得ることができる．このことは，外乱があったときも安定した状態に変化するという意味で，ロバストで望ましい性質であると見ることもできる．しかし，あらかじめ決まったサイズの空間構造を作り出すのに，わざわざ自律分散制御で実行しなければならない理由に関してはよく検討しておく必要がある．

本書の立場では，自律分散制御に付随して現れるミクロやマクロのスケールの概念はネットワーク状態の動的変化を記述するための考え方であり，動的に変化するネットワーク状態に対してそれに追従した制御動作を実現しようとしている．それに対して，初期条件によらないという性質はネットワーク状態によらないということを意味しており，ネットワーク状態（例えばセンサノード

の電池残量）が変化することを考慮しないという形にも解釈できる．そうなると，静的なネットワーク環境においてあるサイズの空間構造を生成することが事前に決まっているのなら，それは自律分散的に生成させなくてもあらかじめ空間構造を与えておけばよいはずである．

以上より，初期条件にかかわらずに安定した空間構造を生成する自律分散制御については，本当に自律分散制御で実施する必要があるのかについて，事前に十分な検討が必要であると考えられる．

章 末 問 題

【1】 局所動作規則 (3.4) から得られる $q(x,t)$ の時間発展方程式は，非線形で重ね合わせの原理が成り立たないことを示せ．

【2】 式 (3.9) による次数に依存した拡散は，式 (2.59) で見たようにノード間の移動によるものではなく，ノードごとに独自に値の増減が行われていることになる．つまり，一般にネットワーク内で分布量の総和が保存しないことを意味する．このような状況にもかかわらず，ノードの分布値が発散してしまう心配はない．これはなぜか答えよ．

【3】 関数 $g(|\nabla q(x,t)|)$ の例として，式 (3.17) で示したロジスティック曲線以外の関数を挙げよ．

第4章
ホイヘンスの原理に基づく自律分散クラスタリング

　3章の偏微分方程式に基づく空間構造の形成では，拡散項の効果と，それとは逆方向に働くドリフト項の効果を組み合わせることで空間構造を形成した．このとき，ドリフト項の働きとしては，現状の空間構造を維持するように作用するものであった．3.4.3項で導入したクラスタ構造の安定化技術を利用すると，実質的に空間構造の時間変化を停止させることができるので，現状の空間構造を維持するしくみがなかったとしても，安定したクラスタ構造を生成できる可能性がある．本章では，波の伝わり方を説明するときに用いられるホイヘンスの原理 (Huygens' principle) の考え方を利用して自律分散クラスタリング技術を導入し，その性質について述べる[36]．

4.1　ホイヘンスの原理を利用した自律分散クラスタリング

　水面に広がる波紋は時間とともに滑らかに変化していく．この様子はホイヘンスの原理を用いて説明することができ，波が進むときの波面の形状が初期状態において複雑な形状であったとしても，時間とともに波面が広がるにつれて滑らかな形状に変化していく．本節では，ホイヘンスの原理による波面の時間発展を空間構造の粗視化の操作として用いることで，新しいくりこみ変換を考える．また，そのくりこみ変換に基づいた自律分散クラスタリングを考察し，その特性や技術課題について述べる．

4.1.1　ホイヘンスの原理とくりこみ変換

　ホイヘンスの原理とは，波の伝搬における波面の時間発展の仕方を説明する

原理であり，波の反射，屈折，回折といった現象の理解に役立っている．図 4.1 はホイヘンスの原理による波面の時間発展を表したものである．現時刻 t の波面があったとき，その波面の各点から**素元波**と呼ばれる球面波が仮想的に発せられていると考える．その後の時刻 $t + \Delta t$ での波面は，時刻 t に発せられた素元波が時間 Δt 分だけ広がった球面波を考え，それらの**包絡線**（一般には包絡面）によって決まるとする．

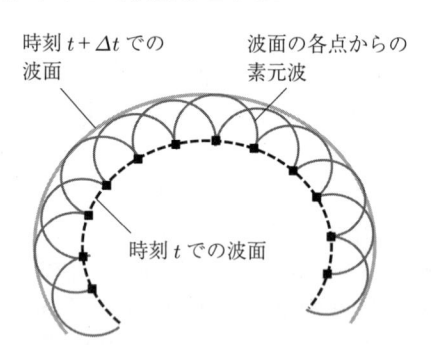

図 4.1 ホイヘンスの原理による波面の時間発展

1.3.3 項で見たように，くりこみ変換とは大規模で複雑な対象から単純で重要な性質を抜き出すための方法で，粗視化の操作とスケール変換の組合せによって定義される．ここでは，ホイヘンスの原理による波面の時間発展を粗視化の手続きとして取り入れたくりこみ変換を考える．

前提となる基本的な枠組みは以下のとおりである．各ノードは空間構造を表す分布値として何らかの値を保持しており，3.1 節で見たように，分布値の極大点となるノードをクラスタヘッドとする．各ノードは，その隣接ノードのうちで分布値が最急勾配となるノードを順に辿っていって到達する極大値を持つノードと同じクラスタに属するとする．空間構造を表す分布値は自ノードと隣接ノードの分布値の情報のみを使って定期的に更新される．更新の際には，各ノードはホイヘンスの原理の素元波に相当する情報を送信し，その情報を基にして各ノードは次の時刻の分布値を決めていく．このときの分布値の決め方に，図 **4.2** に示すくりこみ変換を利用することを考える．

4.1 ホイヘンスの原理を利用した自律分散クラスタリング

(a)

(b)

(c)

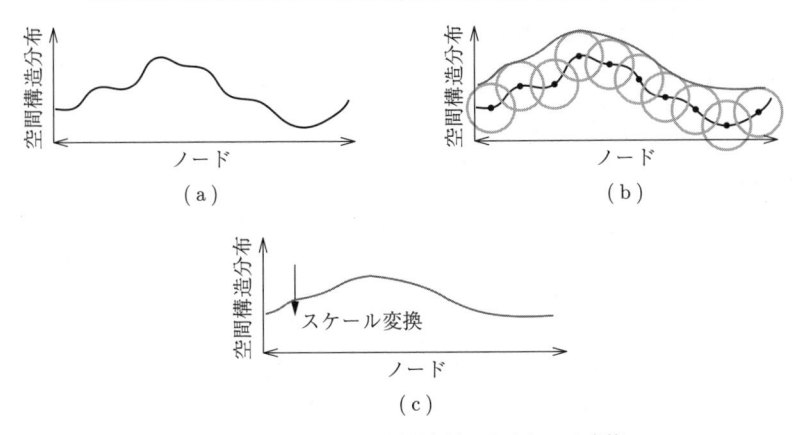

図 4.2 ホイヘンスの原理を用いたくりこみ変換

図 (a) のように，連続化された 1 次元ネットワーク及び空間構造を表す分布を考える．この分布の形状がこの時刻での波面であると見なし，ホイヘンスの原理に従って分布の各点が素元波を発生して，素元波の包絡線によって新しい時刻の波面を決める．この様子を図示したものが図 (b) である．この操作により，分布の形状が持つ細かい空間構造が失われて粗視化が進む．次に，素元波により波面が上に移動した分を元に戻すため，図 (c) のように全体をスケール変換する．この一連の粗視化とスケール変換の組合せがホイヘンスの原理に基づくくりこみ変換であるとする．

はじめに具体的にくりこみ変換の手順を見ていく．離散時刻 t_k ($k=0,1,\cdots$) におけるノード i の分布値を $q(i,t_k)$ とし，同時刻においてノード i 自体とノード i に隣接するノードの集合を $M(i,t_k)$ とする．また，$\widetilde{q}(i,j,t_{k+1})$ は，時刻 t_k において隣接ノード j から発せられた素元波について，それが時刻 t_{k+1} でノード i に到達したときの波面の値である．ただし $j=i$ のときの $\widetilde{q}(i,i,t_{k+1})$ は，時刻 t_k において自ノード i が発した素元波の時刻 t_{k+1} での波面の値を示すものとする．このとき，ホイヘンスの原理に基づくくりこみ変換は式 (4.1) のように書ける．

$$q(i,t_{k+1}) = \frac{1}{b} \max_{j \in M(i,t_k)} \widetilde{q}(i,j,t_{k+1}) \tag{4.1}$$

ここで，式 (4.1) の max の操作がホイヘンスの原理の包絡線をとることに対応しており，隣接ノードからの素元波と自ノードからの素元波の波面を比べて最も進んだ波面を選んでいる．また，パラメータ b ($b > 1$) はスケール変換のためのものである．

次に，素元波の影響を表す $\tilde{q}(i, j, t_{k+1})$ について具体的な形を考える．素元波の伝播速度を v とし，ノード間の距離を Δx，制御の時間間隔を Δt とする．つまり $t_{k+1} - t_k = \Delta t$ である．ここで，Δx は物理的な距離を表すのではなく，ノードのホップ数を表すものとする．そのため $\Delta x = 1$ と選んでおく．また，制御間隔 Δt も時間の単位として $\Delta t = 1$ と選んでもよい．くりこみ変換 (4.1) による時間発展は，各ノードが隣接ノードの影響しか受けないので，伝播速度 v の範囲として $1 < v\Delta t < 2$ とする．これは，制御時間間隔毎に素元波の影響が隣接ノードには伝わるが，それより先のノードには影響しないことを意味している．

図 4.3 は，ノード i から発せられた素元波が次の時刻で隣接ノードに与える影響を図示したものである．それらの影響は以下のように表すことができる．

$$\tilde{q}(i \pm 1, i, t_{k+1}) = q(i, t_k) + v\,\Delta t\,\sin\theta \tag{4.2}$$

$$\tilde{q}(i, i, t_{k+1}) = q(i, t_k) + v\,\Delta t \tag{4.3}$$

ここで，角度 θ は定数で $v\,\Delta t\,\cos\theta = \Delta x$ であり

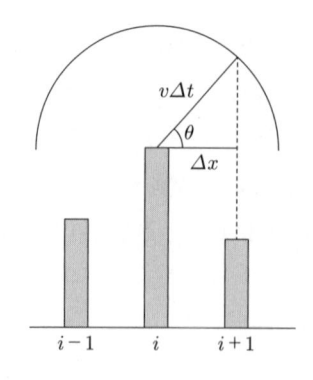

図 4.3 ノード i から発せられた素元波が次の時刻で隣接ノードに与える影響

4.1 ホイヘンスの原理を利用した自律分散クラスタリング

$$\theta = \arccos\left(\frac{\Delta x}{v\,\Delta t}\right) \tag{4.4}$$

である．式 (4.2), (4.3) において，v, Δt, $\sin\theta$ は定数で事前に知ることができるから，時間発展 (4.1) は容易に計算することができる．

ここで，素元波が隣接ノードに影響を与えるといっても，実際に波を伝播させるわけではないことに注意する．隣接ノードからの影響は隣接ノードの分布値さえ分かれば計算できるため，隣接ノード間では自ノードの分布値の情報の交換を行う必要があるだけである．

次に，式 (4.1) のスケール変換のためのパラメータ b の設定方法について考える．分布の最大値を持つノードでは，自ノードが発した素元波の値と隣接ノードからの素元波の値を比べるとき，常に自ノードの素元波の値が大きい．そこで，分布の最大値が式 (4.1) の変換でどのように変化するかを考察する．図 **4.4** は，時刻 t_k における分布の最大値（横軸）と次の時刻 t_{k+1} における分布の最大値（縦軸）との関係を示している．時刻 t_k のときの分布の最大値が与えられたとき，図中の原点を通る傾き 1 の破線は，与えられた最大値をそのまま縦軸の値に対応させるものである．これに対して自ノードの素元波の影響を反映させると，値が $v\,\Delta t$ だけ増加する．そのため，その分だけ直線を上に平行移動

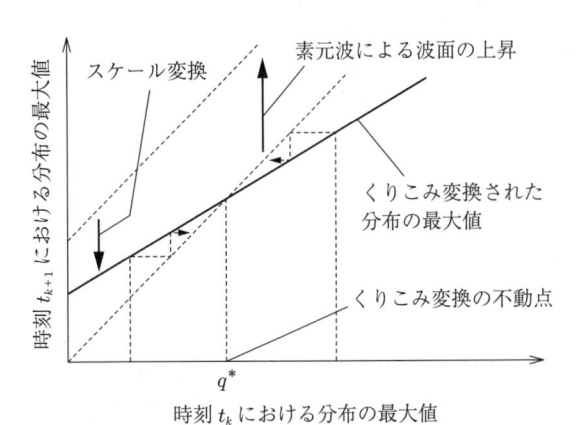

図 **4.4** 時刻 t_k における分布の最大値（横軸）と次の時刻 t_{k+1} における分布の最大値（縦軸）との関係

させたものが素元波の影響を考慮した後の最大値である．その後，全体を $1/b$ になるようにスケール変換すると，$b > 1$ より太線のようになり，元の傾き 1 の破線と交点を持つようになる．この太線で表されたものが，式 (4.1) の変換によって得られる次の時刻 t_{k+1} における分布の最大値である．

くりこみ変換 (4.1) を繰り返し適用すると，図の破線の矢印で示したように，分布の最大値が交点の値に近づいていくことが分かる．交点に対応する分布の最大値の値を q^* とすると

$$q^* = \frac{v \, \Delta t}{b - 1} \tag{4.5}$$

となる．この値はくりこみ変換 (4.1) の**不動点**になっている．以上から，$b > 1$ であればどのような初期分布から始めたとしても分布の最大値は q^* に収束する．

以上のことを数式で表現する．時刻 t_k での分布の最大値を $q_{\max}(t_k)$ とする．$q_{\max}(t_k)$ は

$$q_{\max}(t_k) = \frac{1}{b} \left(q_{\max}(t_{k-1}) + v \, \Delta t \right) \tag{4.6}$$

と書ける．この漸化式を解けば

$$\begin{aligned} q_{\max}(t_k) &= \frac{v \, \Delta t}{b - 1} \left(1 - \frac{1}{b^k} \right) + \frac{q_{\max}(t_0)}{b^k} \\ &= q^* + \frac{q_{\max}(t_0) - q^*}{b^k} \end{aligned} \tag{4.7}$$

となり，k の増大とともに

$$\lim_{k \to \infty} q_{\max}(t_k) = q^*$$

に収束することが分かる．

次に，分布の最小値を考察する．時刻 t_k での分布の最小値を $q_{\min}(t_k)$ とする．$q_{\min}(t_k)$ は

$$q_{\min}(t_k) \geq \frac{1}{b} \left(q_{\min}(t_{k-1}) + v \, \Delta t \right) \tag{4.8}$$

4.1 ホイヘンスの原理を利用した自律分散クラスタリング

と書ける．この漸化不等式を解けば

$$q_{\min}(t_k) \geq q^* + \frac{q_{\min}(t_0) - q^*}{b^k} \tag{4.9}$$

となり，最小値のほうも

$$\lim_{k \to \infty} q_{\min}(t_k) = q^*$$

に収束することが分かる．このことから，ホイヘンスの原理に基づくくりこみ変換 (4.1) を繰り返すことによって，分布の形状が平滑化して空間構造が粗視化されていき，最終的には空間構造が完全に均一化することが理解できる．

以上の結果から，スケール変換のパラメータ b は式 (4.5) で与えられる収束値 q^* を決めるとともに，分布値が q^* に収束するまでの速さを決定付けていることが分かる．パラメータ b の値を設定する際には，これらの性質を考慮して行う必要がある．

4.1.2 空間構造分布のレンジと増幅

4.1.1 項で見たように，くりこみ変換 (4.1) を繰り返すことで，分布の形状がどんどん平滑化し，最終的には式 (4.5) で与えられる一定値の分布に収束する．これはホイヘンスの原理による波面の振舞いと完全に同じであり，そのような対応関係が成立する理由は，空間的に連続化されたネットワークモデルを考えているからである．現実のネットワークトポロジーのようにノード位置が離散化された状況では，くりこみ変換（図 4.2）を繰り返してもある時点から先は分布の形状が変化しなくなる現象が発生する．この現象は連続化されたネットワークモデルでは起こらず，空間を離散化したことが原因で現れる現象であることに注意する．

互いに隣接するノード i, j を考え，時刻 t_k におけるそれらの分布値を $q(i, t_k)$, $q(j, t_k)$ とする．また $q(i, t_k) > q(j, t_k)$ であるとする．このとき，時刻 t_{k+1} において，ノード i からノード j に到達する素元波の値は，式 (4.2) より

$$\widetilde{q}(j, i, t_{k+1}) = q(i, t_k) + v \, \Delta t \, \sin\theta$$

となる．一方，ノード j 自体の素元波の影響も同様に，式 (4.3) より

$$\widetilde{q}(j,j,t_{k+1}) = q(j,t_k) + v\,\Delta t$$

となる．ホイヘンスの原理に基づくくりこみ変換 (4.1) の max の操作から分かるように，大きな分布値を持つノード i がノード j の分布値に影響を与えるためには

$$\widetilde{q}(j,i,t_{k+1}) > \widetilde{q}(j,j,t_{k+1})$$

でなければならないが，そのためには

$$q(i,t_k) - q(j,t_k) > v\,\Delta t\,(1 + \sin\theta)$$

となる必要がある．この関係は分布値 $q(i,t_k)$, $q(j,t_k)$ の大小関係を入れ替えても同じことがいえるので，ホイヘンスの原理が機能するためには，任意の隣接ノードの組み (i,j) に対して

$$|q(i,t_k) - q(j,t_k)| > v\,\Delta t\,(1 - \sin\theta) \tag{4.10}$$

となる必要がある．初期状態で分布量が条件 (4.10) を満たしていたとしても，分布の平滑化が進んで条件 (4.10) が満たされなくなると，それ以降は隣接ノード間の影響は消滅する．また，全ての隣接ノードで条件 (4.10) が満たされなくなると，分布の時間発展が停止する．

条件 (4.10) を満たすようにする方法の一つは，$\sin\theta = 1$ とすることである．この方法では隣接ノードの中の最も大きな分布値に合わせて周囲ノードも同じ値をとるようになり，空間構造の生成には不適である．そこで，分布が条件 (4.10) を満たし続けるように，分布値の差を増幅する手順を導入する．

まず，分布のレンジ $R[q(t_k)]$ を時刻 t_k での分布の最大値と最小値の差として

$$R[q(t_k)] := q_{\max}(t_k) - q_{\min}(t_k) \tag{4.11}$$

と定義する．式 (4.8), (4.9) からレンジは

4.1 ホイヘンスの原理を利用した自律分散クラスタリング

$$R[q(t_k)] \leq \frac{R[q(t_0)]}{b^k} \tag{4.12}$$

のように幾何関数的な速さで減少する．そこで，くりこみ変換 (4.1) を行うたびにレンジを定数倍する操作を導入する．$q_{\max}(t_k)$ と $q_{\min}(t_k)$ はどちらも q^* に収束するので，くりこみ変換 (4.1) の q^* からのずれを定数 a 倍すると

$$q(i, t_{k+1}) = q^* + a \left(\frac{1}{b} \max_{j \in M(i, t_k)} \widetilde{q}(i, j, t_{k+1}) - q^* \right) \tag{4.13}$$

となる．もし $a < b$ だと，a 倍してもレンジ (4.12) の幾何関数的な減少速度を打ち消すことはできず，条件 (4.10) を満たすことができない．次に $a = b$ とした場合

$$q(i, t_{k+1}) = \max_{j \in M(i, t_k)} \widetilde{q}(i, j, t_{k+1}) - v \, \Delta t \tag{4.14}$$

となる．これはくりこみ変換に含まれるスケール変換とレンジの増幅の操作のどちらも行わず，ホイヘンスの原理で波が進行した長さ $v \, \Delta t$ だけ平行移動して引き戻すという意味になる．この場合，分布のレンジが幾何級数的に減少するということはないかもしれないが，ホイヘンスの原理自体の効果により分布値の差が減少していくので，条件 (4.10) が満たされなくなる可能性は否定できない．$a > b$ とした場合，a が大きすぎると逆にレンジが幾何関数的に増大する．このように，パラメータ a の値をレンジが一定になるように微調整するのは難しい．

現実的には後で見るように，ホイヘンスの原理に基づく自律分散クラスタリング技術は収束が速いため，それほど数多くのくりこみ変換を繰り返さなくても所望のサイズの空間構造に到達する．そのため，a の値は b よりやや大きい程度に設定しておけば，レンジが極端に大きくなってしまうことを避けた制御が実現できる．

4.2 ホイヘンスの原理に基づく自律分散クラスタリングの特徴

ホイヘンスの原理に基づくくりこみ変換を自律分散クラスタリングに適用し，簡単な評価結果を基にしてその特徴と技術課題を明らかにする．分布の構造からクラスタを構成するための基本的な考え方については 3.1 節と同じである．ただし，3 章の方法との違いは，粗視化の操作として拡散を用いていた部分が，本節の方法ではホイヘンスの原理を用い，また，分布の形状を維持するようなドリフトを利用していた部分については，本節の方法では対応するものが存在しない，という点である．

（ 1 ） 評価モデルの説明 評価に用いるネットワークモデルは MANET を想定したもので，詳細は以下のとおりである．1 km × 1 km の 2 次元領域にランダムに 1000 個の無線ノードを配置する．各端末の電波到達範囲は 60 m とし，電波到達範囲内のノード同士が通信可能である．このように，通信可能となる一定距離以内にあるノード同士をリンクで接続してできる**単位円グラフ**をネットワークモデルとする．領域の境界部分での影響を排除するため，周期境界条件を採用してトーラス状のトポロジーを考える．

初期条件の例として図 4.5 のような 2 種類を考える．この図は初期状態の分布値を色の明暗によって表したもので，明るい色ほど大きな分布値を表す．図

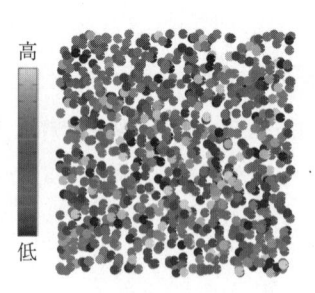

(a) 分布値をランダムに与えたもの 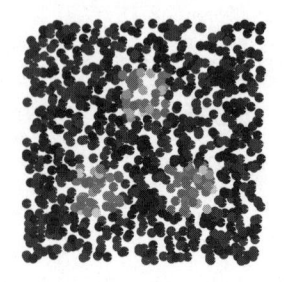　　(b) 3 ヶ所に比較的分布値の高い山を作ったもの

図 4.5　初期条件の例

4.2 ホイヘンスの原理に基づく自律分散クラスタリングの特徴　　115

(a) が分布値をランダムに与えたもの，図 (b) は3ヶ所に比較的分布値の高い山を作ったものである．ランダムな初期条件は区間 [0, 10] の一様分布に従うように分布値を与え，3ヶ所に山がある初期条件は山の部分が区間 [5, 10] の一様分布，その他の領域が区間 [1, 2] の一様分布に従うように値を与えている．また，パラメータの値は表 4.1 のとおりである．

表 4.1　パラメータの値

パラメータ	v	b	a	Δx	Δt
値	1.5	1.1	1.2	1.0	1.0

（2） 評価結果と特性　　図 4.6 と図 4.7 はそれぞれランダムな初期条件と3ヶ所に山がある初期条件のもとでのクラスタ構造条件の時間変化を示したものである．これらの図もまた，色の明暗によって分布値の大小を表している．時刻のパラメータ t は分布の時間発展の回数，即ちくりこみ変換 (4.13) の繰返

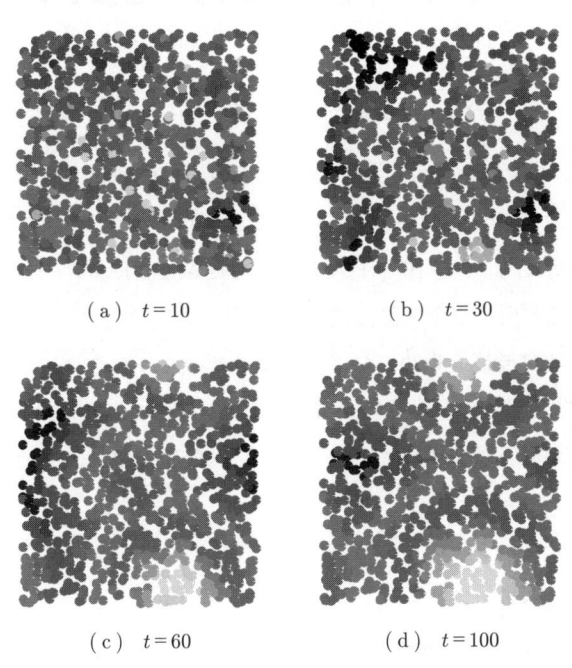

(a)　$t=10$　　　　　　　(b)　$t=30$

(c)　$t=60$　　　　　　　(d)　$t=100$

図 4.6　ランダムな初期条件のもとでのクラスタ構造の時間変化

116   4. ホイヘンスの原理に基づく自律分散クラスタリング

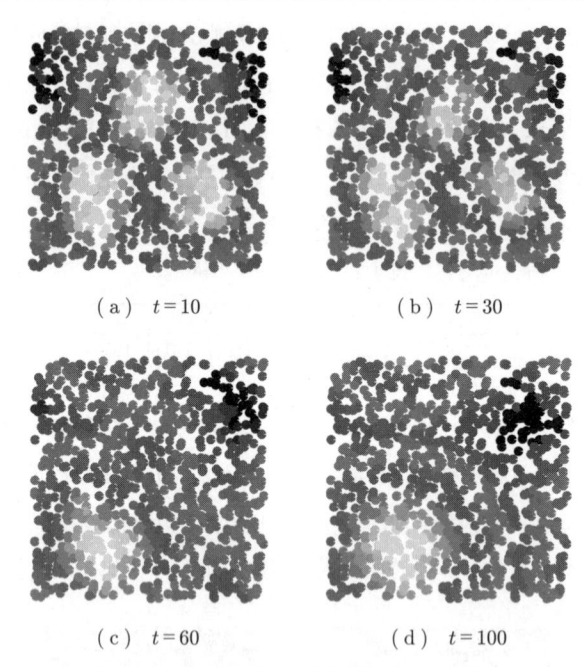

(a) $t=10$

(b) $t=30$

(c) $t=60$

(d) $t=100$

図 4.7 3ヶ所に山がある初期条件のもとでの
クラスタ構造の時間変化

し回数を意味する．ランダムな初期条件では $t=10$ 回程度の繰返し回数でも既に小規模なクラスタ分割ができていることが分かる．また3ヶ所に山がある初期条件においても，$t=10$ 回程度の繰返し回数で初期条件の大まかな空間構造を反映して3ヶ所のクラスタ分割ができていることが分かる．どちらの場合であっても，更に時間を進めていくことで，複数あったクラスタが一つの大きなクラスタに統合されることが分かる．ここで，例えば $t=100$ の場合，トーラス状の周期境界条件を用いていることから，分布の山は一つであることに注意する．

以上から，ホイヘンスの原理に基づく自律分散クラスタリング技術について以下の性質が読み取れる．

- ランダムな初期条件からクラスタ構造を形成可能．
- 初期条件の空間構造の特性を活かしたクラスタ構造を形成可能．

4.2 ホイヘンスの原理に基づく自律分散クラスタリングの特徴

- クラスタ構成に必要となるくりこみ変換 (4.13) の繰返し回数は比較的小さい．
- クラスタ構造が一つに統合されないように，クラスタ構造の粗視化を適当な時点で停止させる必要がある．

以下では，クラスタ構造の粗視化を停止させる方法について考察する．

はじめに，クラスタ構造の粗視化を停止させる方法として，4.1.2 項で述べた分布の時間発展が停止する問題を逆に利用する技術の実現可能性について考察する．分布のレンジを増幅する操作を加えたくりこみ変換 (4.13) において，増幅のパラメータ a を適当に調整することにより (または $a=1$ として増幅を行わないことにより)，くりこみ変換を繰り返すことによって条件 (4.10) が満たされないようにすることができる．全ての隣接ノードについて条件 (4.10) が満たされない状況になると分布の時間発展が停止し，クラスタ構造の粗視化が完全に停止することになる．しかし，条件 (4.10) が全ての隣接ノードで一斉に満たされなくなるのではなく，時刻にばらつきが生じることに注意しなければならない．条件 (4.10) を満たしたノード間にのみホイヘンスの原理による平滑化が進み，それ以外のノード間では影響が消滅するので，ネットワーク内の場所によって分布の時間発展の進み方が異なり，ホイヘンスの原理に基づくくりこみ変換で，本来想定していた時間発展とは異なる振舞いをする可能性がある．そのため，クラスタ構造の粗視化が停止したときに得られるクラスタ構造が，本来想定していた望ましい構造にはならない可能性があり，以降での検討対象とはしない．

3 章では，3.4.2 項において拡散とドリフトの強さの自律調整機構を，また 3.4.3 項において空間構造の履歴情報を用いたクラスタ構造の安定化技術を導入した．ホイヘンスの原理に基づく自律分散クラスタリング技術では，粗視化の手順としてホイヘンスの原理に基づくくりこみ変換 (4.13) を利用しているが，分布の形状を維持するドリフトに対応するものは存在しない．このため，3.4.2 項のような自律調整機構は適用できない．そこで 3.4.3 項で導入した空間構造の履歴情報を用いたクラスタ構造の安定化技術を適用することを考える．クラ

スタ構成に必要となるくりこみ変換 (4.13) の繰返し回数が比較的小さいので，履歴を保持するための空間構造ベクトル (3.21) の成分数 $N+1$ も小さく抑えることができる．では，具体的に空間構造ベクトルのどの成分に注目すればよいだろうか．これを決めるためには，くりこみ変換 (4.13) の繰返し回数と，それによって生成されるクラスタ数（または平均クラスタサイズ）の関係を知ることが必要である．

(3) 空間構造分布の値による収束速度の違い　生成されるクラスタの数を制御するためには，空間構造ベクトル (3.21) の適切な成分に注目する必要がある．どの成分に注目すべきかを知るために，生成されるクラスタ数の経時変化を調べる．

図 4.8 は，図 4.5 (a) のランダムな初期条件から生成されるクラスタ数について，初期分布のレンジを変えた四つの初期分布からの経時変化を比較したものである．初期分布の値は分布のレンジを表す特定の区間内で一様分布に従うように決めているが，その区間を $[1, 5]$, $[10, 5\times 10]$, $[10^2, 5\times 10^2]$ 及び $[10^3, 5\times 10^3]$ とした．このとき，それぞれの初期分布はレンジが違うだけで相似形となるよ

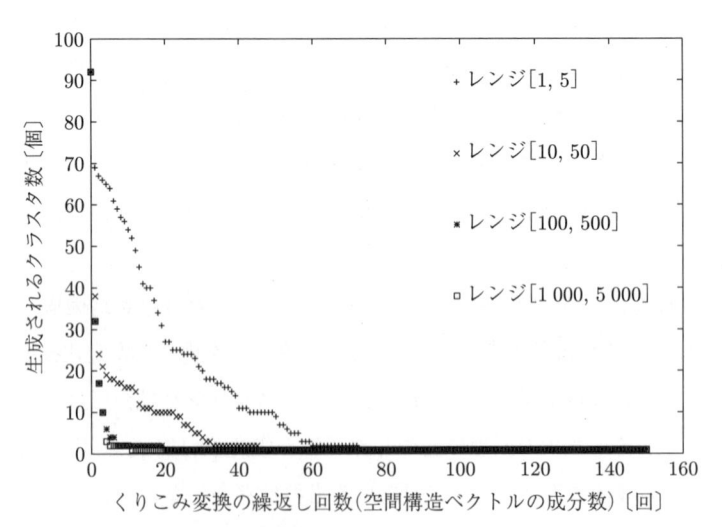

図 4.8 ランダムな初期分布から生成されるクラスタ数の経時変化（ランダムな初期分布の場合）

4.2 ホイヘンスの原理に基づく自律分散クラスタリングの特徴

うにして，レンジの影響のみを考慮した．

この結果から，生成されるクラスタ数の変化が初期分布のレンジによって著しく異なることが分かる．レンジが大きいほど生成クラスタ数が急激に減少し，例えばクラスタ数が 10 となるときに必要な時間（くりこみ変換の繰返し回数）は，初期分布のレンジが $[1, 5]$ のときは 40 回程度であるが，レンジが $[10^3, 5 \times 10^3]$ のときは僅かに 3 回である．このため，所望の生成クラスタ数を得るためには，初期分布のレンジに応じて空間構造ベクトルの異なる成分に注目する必要がある．これでは初期分布のレンジを事前に知らなければならず，所望のクラスタ数が得られるように制御するうえでの障害となる．そればかりか，同じ初期状態でも単位のとり方によって生成クラスタ数が異なるという事態が起きてしまう．その問題の詳細を以下に説明する．

3.4.3 項の空間構造の履歴情報を用いたクラスタ構造の安定化技術において，式 (3.23) で与えたように，ある時刻でのノード i の状態 $q_{\text{init}}(i, t_k)$ を状態ベクトルの第 0 成分 $Q_0(i, t_k)$ としていた．ここでのノード i の状態を表す $q_{\text{init}}(i, t_k)$ は，例えば電池残量やノードの次数など，クラスタヘッドとなるのにふさわしい指標を用いることを想定している．電池残量に余裕のあるノードがクラスタヘッドとして他のノードのために多くの役割を担えば，結果として MANET 全体の寿命を延ばすことができると考えられる．このとき，電池残量をどのように数値で表現するかを考える．単位のとり方にはアンペア時〔Ah〕，ミリアンペア時〔mAh〕，クーロン〔C〕など様々なものが考えられ，1 Ah = 1 000 mAh = 3 600 C である．物理的には同じ状況であっても，単位のとり方の違いによって数値に違いが出て，これが初期分布のレンジを左右し，生成されるクラスタ数に大きな影響を与えることになる．そもそも，物理的に同じ状況では，人間がどのような単位で物事を表現しようとも，同じ結果を導くことが望ましいはずである．したがって，生成クラスタ数が初期分布のレンジに依存する状況は望ましいとはいえない．

3 章で見た偏微分方程式に基づく自律分散クラスタリングでは，単位のとり方によって分布のレンジが大きくなったとしても，分布値やその勾配も比例し

120   4. ホイヘンスの原理に基づく自律分散クラスタリング

て大きくなるため，生成されるクラスタ数は影響されない．それに比べてホイヘンスの原理に基づく自律分散クラスタリングが単位のとり方に依存してしまう理由は，くりこみ変換 (4.13) に含まれる max の操作のためである．

図 4.9 は，レンジのみが異なる分布が，くりこみ変換によってどのように変化するのかの例を示したものである．図 (a) の左右の図は初期分布で，同じ分布の（縦方向の）縮尺を変えただけの相似形である．クラスタヘッドとなる分布値の極大値の位置を▲で表示している．これに対し，隣接ノードとの間で素元波による粗視化を行ったものが図 (b) で，スケール変換を施したものが図 (c) である．ここで再びクラスタヘッドの位置を表示している．レンジが広いほう

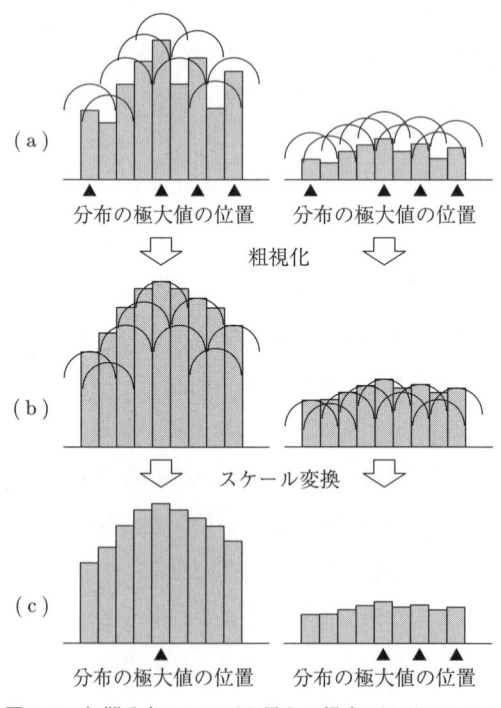

図 4.9 初期分布のレンジが異なる場合のホイヘンスの原理に基づくくりこみ変換の影響

の分布は急速に粗視化が進んでクラスタ数が 1 個に集約されている一方で，レンジの狭いほうの分布は三つのクラスタが残っている．このように，分布のレンジが広いと，くりこみ変換の max の操作がより強く効いてきて，粗視化が急速に進むことが分かる．

4.3　生成されるクラスタ数の制御技術

ここでは，初期分布のレンジの違いによって生成されるクラスタ数が異なるという問題を解決するための方法を考察する．

空間構造の履歴情報を用いたクラスタ構造の安定化技術では，式 (3.23) によってノード i の電池残量などの状態 $q_{\text{init}}(i, t_k)$ をそのまま空間構造ベクトルの第 0 成分 $Q_0(i, t_k)$ としたが，この部分を式 (4.15) のように置き換える．

$$Q_0(i, t_k) = \log(q_{\text{init}}(i, t_k)) \tag{4.15}$$

この置き換えにより，元の状態分布 $q_{\text{init}}(i, t_k)$ のレンジ

$$R[q_{\text{init}}(i, t_k)] := \max_i q_{\text{init}}(i, t_k) - \min_i q_{\text{init}}(i, t_k) \tag{4.16}$$

がどのように変化するのか考える．A, B, x を正の数として

$$\min_i q_{\text{init}}(i, t_k) = A\,x, \quad \max_i q_{\text{init}}(i, t_k) = B\,x$$

とする．このとき状態分布 $q_{\text{init}}(i, t_k)$ のレンジ $R[q_{\text{init}}(i, t_k)]$ は

$$R[q_{\text{init}}(i, t_k)] = (B - A)\,x$$

である．ここで，パラメータ x の意味を説明する．x は単位のとり方で変化するパラメータで，x の値は状態分布 $q_{\text{init}}(i, t_k)$ の値やその範囲 $[Ax, Bx]$，更には状態分布のレンジ $R[q_{\text{init}}(i, t_k)]$ にまで影響を与える．しかし，状態分布の値の比は変わらないので，状態分布の最大値と最小値の比は変化しないことから，式 (4.15) で定義した空間構造ベクトルの第 0 成分 $Q_0(i, t_k)$ のレンジは

$$R[Q_0(i,t_k)] := \max_i Q_0(i,t_k) - \min_i Q_0(i,t_k)$$
$$= \log(Bx) - \log(Ax)$$
$$= \log\left(\frac{B}{A}\right) \tag{4.17}$$

となり x に依存しない．したがって，式 (4.15) によって状態ベクトルの第 0 成分を定義することで，空間構造ベクトルのレンジから単位のとり方による影響を消去することができる．

図 4.10 は，式 (4.15) を用いて空間構造ベクトルのレンジ依存性を消去した場合について，図 4.8 と同様に生成クラスタ数の経時変化を調べたものである．くりこみ変換 (4.13) の繰返し回数と，それによって生成されるクラスタ数（または平均クラスタサイズ）の関係が，元の状態 $q_{\mathrm{init}}(i,t_k)$ のレンジに依存せず完全に一致していることが分かる．

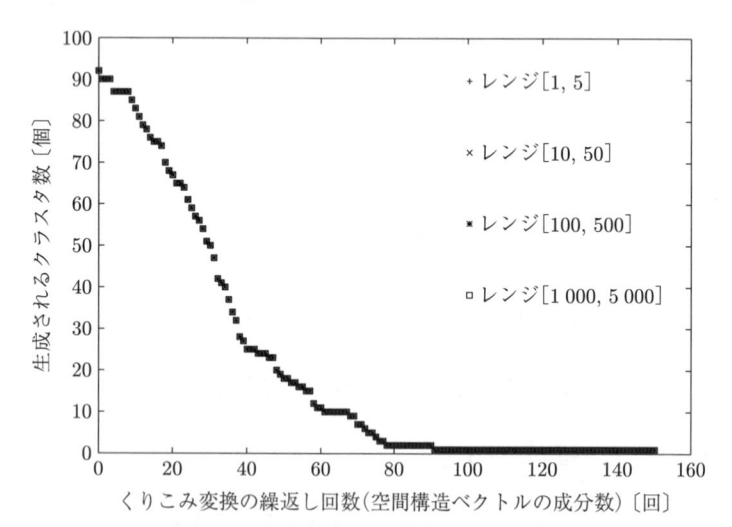

図 4.10 式 (4.15) を用いて状態分布のレンジの違いを消去した場合の生成クラスタ数の経時変化（ランダムな初期分布の場合）

図 4.11 は，図 4.5 (b) の三つの山を持つ状態分布を初期状態とし，図 4.10 と同様に式 (4.15) を用いて空間構造ベクトルのレンジ依存性を消去した場合の

4.3 生成されるクラスタ数の制御技術

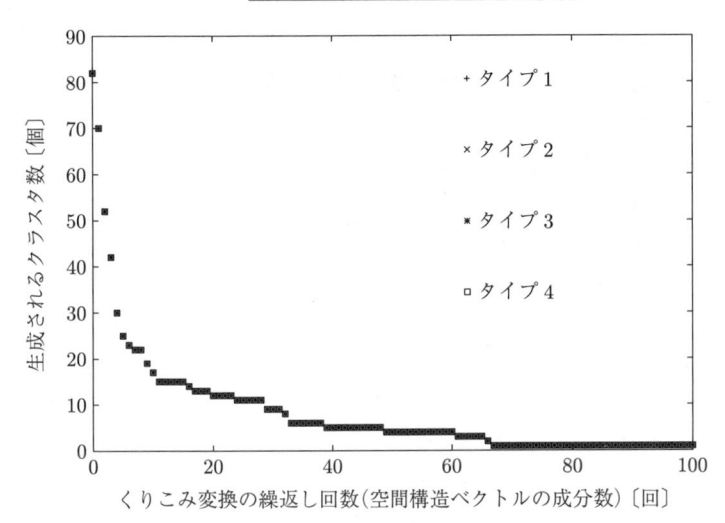

図 4.11 式 (4.15) を用いて状態分布のレンジの違いを消去した場合の生成クラスタ数の経時変化（三つの山を持つ初期分布の場合）

生成クラスタ数の経時変化を調べたものである．状態分布の値が大きい三つの山の領域とそれ以外の領域では，それぞれ範囲が [5, 10] 及び [1, 2] となる一様分布に従うように初期分布を与えたものをタイプ 1 とし，一様分布の範囲をその 10 倍の [50, 100] 及び [10, 20] で与えたものをタイプ 2，同様にタイプ 1 の範囲を 100 倍，1000 倍したものをタイプ 3，タイプ 4 とした．この結果からも，くりこみ変換 (4.13) の繰返し回数と，それによって生成されるクラスタ数（または平均クラスタサイズ）の関係が，元の状態 $q_{\text{init}}(i, t_k)$ のレンジに依存せず完全に一致していることが分かる．

図 4.10 と 図 4.11 が異なる経時変化を示すのは，元の状態分布が異なることが原因であり，状態分布の空間構造を反映したクラスタ生成を行っていることを反映している．状態分布が同じ形状であればレンジに依存しないで生成クラスタが決まるという性質は，3.4.3 項で導入した空間構造の履歴情報を用いたクラスタ構造の安定化技術を適用する際に，空間構造ベクトルのどの成分に注目するかを決めるうえで非常に役立つ性質である．

章 末 問 題

【1】 漸化式 (4.6) を解いて式 (4.7) を示せ.
【2】 漸化不等式 (4.8) を解いて式 (4.9) を示せ.
【3】 3章と4章で示したクラスタリング方式によって形成されるクラスタ構造には，どのような違いが現れるだろうか．両方式の特徴に基づいて定性的に考察せよ.

第5章
カオスを利用した分散制御

　本章では，カオスが現れる結合振動子を利用した送信レート制御を対象にして，情報ネットワークの分散制御と階層構造の観点からカオスを利用した階層制御のしくみを解説する．カオスを利用した階層型制御の基本となる考え方は，カオスをミクロレベルとマクロレベルで見たときに，それぞれで興味深い特性を持っていることを利用し，前者の性質を用いてユーザごとの公平性の保証を実現すると同時に，後者の性質を利用してシステム全体の安定した性能を維持するような制御の階層構造を実現することである．

5.1 予備知識の簡単な解説

　本章の内容を理解するうえで前提となる予備知識について，必要最小限の解説を行う．予備知識の項目についてより詳しく知りたい読者は，参考文献37）などを参照されたい．

5.1.1 TCPの動作概要とTCPグローバル同期問題

　（1）**TCPの動作概要**　　インターネットで信頼性の高い通信を実現するために用いられるプロトコルとして，Transmission Control Protocol (**TCP**) がある．TCPは様々な機能をサポートしており，パケットの到着順序誤りの回復，宛先に届かなかったパケットの再送処理，輻輳制御・フロー制御が主要な機能である．ここでは，本章の主題である送信レート制御に関連する機能として，輻輳制御・フロー制御を解説する．

　TCPでは，送信者が送信したデータが受信者側に正しく届いていることを

確認するために，受信者から送信者宛に Ack と呼ばれる受信応答確認のパケットが送られる．送信者は，Ack によって受信状態を確認しながら次のデータを送っていくのであるが，Ack の受信を待たずに送ることができるデータ量が決まっていて，このデータ量はウィンドウサイズと呼ばれる．ウィンドウサイズを適切に制御することで，ネットワークや受信者側が混雑しないように適切なデータ送信量に調節する機能が輻輳制御・フロー制御である．

通信開始時に，ウィンドウサイズは Ack を受信するたびに一定量増加し，結果としてウィンドウサイズが経過時間に対して指数関数的に増大する．この状態を**スロースタートフェーズ**と呼ぶ．Ack によりパケットの不到達が分かると，送信者側はウィンドウサイズを半減させ，その後は Ack を受信するたびにウィンドウサイズの増加量を調整（ウィンドウサイズの逆数だけ増加）することで，その後のウィンドウサイズを経過時間に対して線形に増加させる．再度パケットの不到達が分かると，またウィンドウサイズを半減させ，再び経過時間に対して線形に増加させる，という動作を繰り返す．これを**輻輳回避フェーズ**と呼ぶ．長時間にわたって受信者側からの反応がない，といった状況ではスロースタートフェーズに戻るが，それ以外は輻輳回避フェーズが持続することになる．

（2） **TCP グローバル同期問題**　パケットの不到達の大きな原因は，ネットワークの混雑によって途中のルータでのバッファが溢れるためである．今，送信者と受信者間の**往復遅延時間** (Round-Trip Time：**RTT**) が等しい複数の通信が同一のルータを経由していて，そのルータが輻輳して異なる通信のパケットが同時に損失したとしよう．RTT が等しいことから，パケットが不到達であった情報は複数の送信者に同時に伝えられ，それぞれの通信のウィンドウサイズが一斉に半減する．さらに，同時にウィンドウサイズが増加し始め，再び輻輳の原因になる．このような現象により，複数の通信に関するウィンドウサイズの増減のタイミングが一致してしまうことが起こりうる．これを **TCP グローバル同期問題**という．

本来，限られたネットワークの資源を有効に使うためには，それぞれの送信者からのデータ送信時刻がずれていることが望ましいが，TCP グローバル同

期問題では，多くの通信が一斉に多くのデータを送って輻輳することと，一斉にウィンドウサイズを小さくしてネットワークの利用状況が必要以上に抑えられてしまう状況を繰り返すため，ネットワークの利用効率が低下する．

5.1.2 RED の狙いと動作概要

TCP グローバル同期問題を解決するための技術として，**ランダム初期検知** (Random Early Detection：RED) という技術が提案されている[37]．この技術は，ルータのバッファにおいて，パケット溢れによって複数の通信のパケットが同時に損失する事態を避けるために，バッファが溢れる前にある確率で到着パケットを強制的に廃棄する技術である．この強制的なパケット廃棄により，廃棄されたパケットの送信者はウィンドウサイズを半減するため，バッファでの混雑が緩和され，バッファ溢れによって複数の通信のパケットが同時に廃棄される現象を起きにくくする効果があると期待されている．また廃棄するパケットについて，到着パケットをランダムに選ぶので，多くのパケットを送信している通信のパケットはその分だけ選ばれやすくなる．多くのパケットを送信している通信は，その分だけ混雑の原因である可能性が高いので，その通信のウィンドウサイズを半減することができれば，輻輳を効果的に回避できると期待されている．また，送信者間の公平性の意味でも，多くのパケットを送信している通信を制限することには合理性がある．

一方，RED は強制的に廃棄するパケットをランダムに選ぶことから，動作規則が確率論的である．このため，必ずしも常に送信者間の公平性に対して適切な動作になっているわけではない．例えば，多くのパケットを送信する通信と，その 1/100 しかパケットを送信しない通信を考えたとき，もし前者の通信の送信者 1 人に対して後者の送信者が 100 人いた場合，到着パケットをランダムに選択して廃棄すると，1/2 の確率で少ないパケット量の通信に関するウィンドウサイズが制限される．これは，公平性の面で問題があるだけでなく，輻輳回避の効果も薄い．

本章で扱うカオスを利用した送信レート制御では，確率を含まない決定論的

な動作ルールを用いて送信者間の公平性を確保したうえで，送信データ量が同期して時間的に集中することを回避し，しかもシステム全体として高いネットワーク利用効率を実現するための技術である．

REDに関して，確率論的な動作の概要は以下のとおりである．ルータはパケットが到着するたびにパケットバッファの平均キュー長を更新する．その方法は現時点の平均キュー長を $\overline{Q}$ とし，現時点のキュー長を q としたとき

$$\overline{Q} \leftarrow (1 - w_q)\overline{Q} + w_q q$$

である．ここで，$0 < w_q < 1$ はある定数である．このようにして更新している平均キュー長に基づき，到着パケットの廃棄確率が決まる．パケット廃棄確率は，最小閾値，最大閾値，最大閾値のときの廃棄確率の三つのパラメータを用いて図5.1のように決める．即ち，パケットバッファの平均キュー長が最小閾値以下のときは廃棄確率が0，平均キュー長が最大閾値のときはそのときの与えられた廃棄確率，平均キュー長が最大閾値の2倍に達したときは廃棄確率が1となり，その間を図に示すように線形の関係として補間した規則となっている．

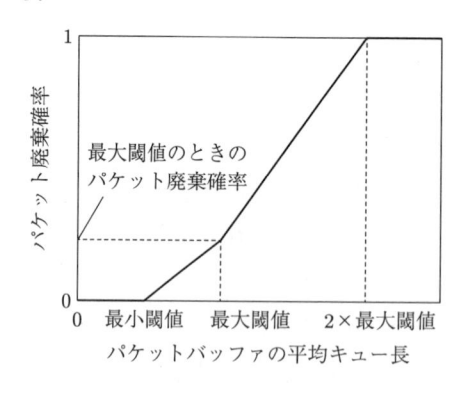

図 5.1 パケットバッファの平均キュー長とパケット廃棄確率の関係

5.1.3 カオスを利用した階層型ネットワーク制御のコンセプト

(1) ローレンツ方程式とカオス　カオスとは，特定の決定論的システムに現れる性質のことである．決定論的システムとは，システムの未来の状態が（確

率を含まない) 決定論的なルールで決定されるもので, 初期条件を与えれば (少なくとも原理的には) 未来の状態が一意的に確定する. そのような決定論的システムにおいて, 未来の状態が初期条件に極めて敏感に依存する性質 (**初期値鋭敏性**) を持つ場合にカオスと呼ばれる. 初期条件の僅かな違いが時間とともに指数関数的に増大し, 未来の状態の大きな違いになって現れるため, 未来の状態を正確に知るためには初期状態を無限の精度で知る必要がある. 現実には初期状態を有限の精度でしか知ることができないため, 未来の状態の予測が事実上不可能で, あたかもランダムのような振舞いを示すことが特徴である.

カオスの初期値鋭敏性は「バタフライ効果」と呼ばれるたとえ話で説明されることがある. バタフライ効果とくりこみ可能性の概念を対比して考察する.

- **バタフライ効果**　「北京で蝶が羽ばたくと, ニューヨークで嵐が起こる」というような, 現時点の状態の僅かな違いが将来の状態に大きな影響を与え, 正確な未来予想は不可能であるということ.
- **くりこみ可能性**　ミクロスケールでの状態情報がマクロスケールに効いてこない, または初期状態の違いが, 将来の状態の漸近的挙動に影響しないということ.

両者の主張は, ミクロ状態の違いが将来の状態に与える影響の強さとして正反対の主張をしており, 一見相容れないように見えるかもしれない. しかし, 時間的及び空間的な階層構造を考えると, 両者の主張は矛盾なく共存することができる.

両者の関係を理解するために, まずは典型的なカオスの例として**ローレンツモデル** (Lorenz model) を紹介する. ローレンツモデルでは, 三つの変数 x, y, z の時間発展が以下の**ローレンツ方程式**で記述される[38]).

$$\frac{dx}{dt} = -px + py, \quad \frac{dy}{dt} = -xz + qx - y, \quad \frac{dz}{dt} = xy - sz$$

ここで, p, q, s は定数である. 図 **5.2** は $p = 10, q = 28, s = 8/3$ としたときの (x, y, z) の時間発展の様子を状態空間内の軌跡で表現したものである. ローレンツモデルから現れるアトラクタは**ローレンツアトラクタ** (Lorenz attractor)

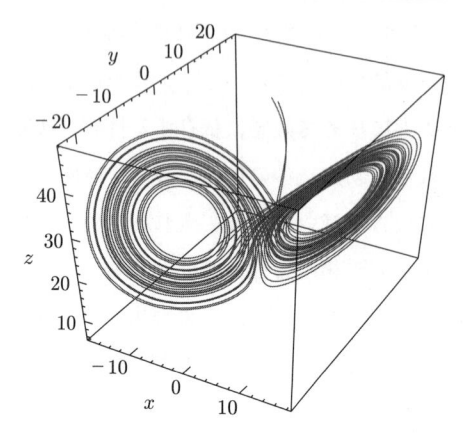

図 5.2 $p = 10, q = 28, s = 8/3$ としたときの (x, y, z) の時間発展の様子

と呼ばれている．図中の 2 本の曲線は，近い初期条件から出発した異なる軌跡の例を表している．

初期条件からの軌跡は，ローレンツ方程式によって（原理的には）完全に決定するのであるが，カオスの初期値鋭敏性により，初期条件の僅かな違いがその後の状態の大きな違いを生み，未来の状態を予測することが妨げられる．この意味で，軌道を辿っていくようなミクロな視点でこの現象を見ると，未来の軌道は予測できず，あたかもランダムであるかのような不安定な状態に見える．

一方，この軌道が作るローレンツアトラクタのマクロな形状は，初期条件の影響を受けずに安定したアトラクタを構成しているように見える．つまり，図 5.2 中の初期条件の異なる 2 本の軌道は，軌道レベルのミクロな振舞いとしては全く異なるが，マクロで見るとどちらも同じアトラクタを構成していると考えることができる．このように，カオスの一つひとつの軌道が不安定であることと，アトラクタ全体の構造に見られるダイナミクスが**構造安定**であることが両立することは，カオスの**共存性**と呼ばれている．

このように考えると，ミクロな視点で見た軌道の不安定さがバタフライ効果でたとえられる性質であり，初期条件の影響を受けないローレンツアトラクタのマクロな形状からくる性質が，くりこみ可能性に対応する性質であることが理解できる．

(**2**) **カオスを利用した自律分散制御のコンセプト**　本章の主題であるカオスを利用した分散制御の狙いは，カオスに見られる上記二つの特徴の共存性を利用し，それらの性質をネットワークのミクロ及びマクロスケールでの性能評価尺度に応用することによって，**分散制御**と**階層構造**の枠組みを実現することである[39]．実際のネットワーク制御の例として**送信レート制御**技術を扱い，その特徴は以下のようにまとめることができる．

- 送信レートの制限が必要となる場合には，決定論的な動作ルールに従って最も大きな送信レートを持つフローの送信レートを制限する．同時に，カオスの性質によって個々のフローの送信レートがあたかもランダムのように振る舞う．これにより，ユーザ間の公平性を確保しつつ，同期現象による送信データ量の時間的な集中を回避できる．

- カオスの**ストレンジアトラクタ**のマクロレベルでの安定性（**構造安定性**）により，システム全体の**スループット**として安定した性能を得ることができる．また，その性能はフローごとの（ミクロレベルの）分散制御的な動作規則により制御可能である．

5.2　結合振動子に現れるカオスと送信レート制御への応用

本節では，結合振動子に現れるカオスを利用した送信レート制御のしくみと，その性質について説明する．図 **5.3** は，送信レート制御の前提となるネットワー

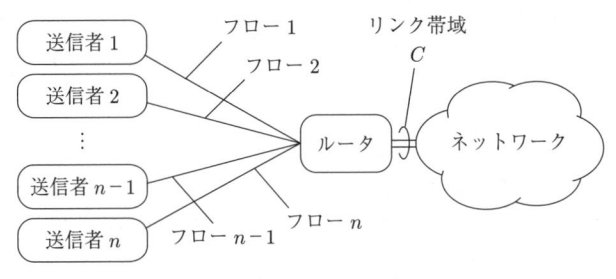

図 **5.3**　送信レート制御の前提となるネットワークモデル

クモデルを示したものである．送信者から n 本のフローが送信され，一つのルータを介してネットワークに向かう．ルータとネットワーク間のリンクの帯域は C であり，これを n 本のフローで共用している．リンク帯域 C を適切に共用するために，各フローは送信レート制御を受けるとする．送信レート制御の具体的な実現方法は一意的ではなく，例えば **TCP** のような**ウィンドウ制御**で実現する方法や，利用可能なリンク帯域をルータから送信者に直接通知する方法などのバリエーションが考えられる．ここでは，送信レート制御の具体的な実装方法を論じるのではなく，実装方法とは無関係に図の枠組みで考えられる本質的な送信レート制御のしくみについて考えていく．

5.2.1 緩和振動子からなる結合振動子

（1）緩和型自由振動子　　振動する現象を大ざっぱに分類すると，自由振動と結合振動の2種類がある．**自由振動子**とは，それ自体の固有の振動数で振動する振動子である．一方，**結合振動子**とは複数の振動子が互いに影響を与え合いながら振動する振動子の集まりで，各振動子は，必ずしも振動子自体の固有の振動数での振動とはならない．

自由振動子の最も単純な例としては，よく知られた正弦波を挙げることができるが，ここでは，もう少し特殊な形の自由振動子を考えることから話を始める．ある振動子について，時刻 t での**変位** (replacement) を $r(t)$ とする．変位 $r(t)$ が一定の速度 ρ で増加し，**閾値** $r_{\max}$ で 0 にリセットするような自由振動子を考える（図 **5.4**）．また，もう少し一般化したモデルとして，変位 $r(t)$ が一定の速度 ρ で増加し，閾値 $r_{\max}$ に達した時点で閾値の α 倍の値にリセッ

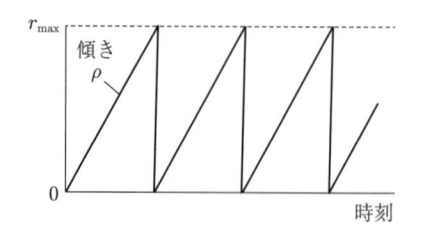

図 **5.4** 変位 $r(t)$ が一定の速度 ρ で増加し，閾値 $r_{\max}$ で 0 にリセットする緩和振動子

5.2 結合振動子に現れるカオスと送信レート制御への応用

トする自由振動子を考える (図 **5.5**). ただし, $\alpha < 1$ である. このようなタイプの振動子を**緩和振動子** (relaxation oscillator) と呼ぶ. これらの緩和振動子の変位 $r(t)$ の時間変化は, それぞれ式 (5.1) 及び式 (5.2) のように表現することができる.

$$\frac{dr(t)}{dt} = \rho - \rho r_{\max} \delta(r(t) - r_{\max}) \tag{5.1}$$

$$\frac{dr(t)}{dt} = \rho - \rho(1-\alpha) r_{\max} \delta(r(t) - r_{\max}) \tag{5.2}$$

ここで, $\delta(\cdot)$ はディラックの**デルタ関数**である.

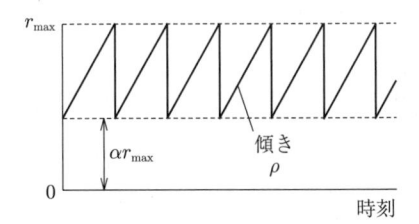

図 5.5 変位 $r(t)$ が一定の速度 ρ で増加し, 閾値 $r_{\max}$ で閾値 α 倍の値にリセットする緩和振動子 ($\alpha < 1$)

どうしてこのような数式で記述できるのか, 簡単に確認する. 式 (5.2) 右辺の第 1 項

$$\frac{dr(t)}{dt} = \rho$$

だけ残したものを考える. これは, 両辺を t で積分すれば

$$r(t) = \rho t + r(0)$$

となる. これは図の傾き ρ で増加する部分を表している. 次に, 式 (5.2) の右辺を第 2 項の影響を考える際に, デルタ関数の性質 (2.19), (2.20) を思い出そう. もし $r(0) = 0$ で, ある時刻 s で変位が初めて閾値 $r(s) = \rho s = r_{\max}$ に達したとすると, 式 (5.2) の両辺を積分することで

$$\begin{aligned}
r(s) &= \int_0^s \frac{dr(t)}{dt}\,dt \\
&= \rho s - \rho(1-\alpha)\,r_{\max}\int_0^s \delta(r(t)-r_{\max})\,dt \\
&= r_{\max} - (1-\alpha)\,r_{\max}\int_0^s \delta(r(t)-r_{\max})\,\rho\,dt \\
&= r_{\max} - (1-\alpha)\,r_{\max}\int_0^s \delta(r(t)-r_{\max})\,\frac{dr(t)}{dt}\,dt \\
&= r_{\max} - (1-\alpha)\,r_{\max}\int_{t=0}^s \delta(r(t)-r_{\max})\,dr(t) \\
&= r_{\max} - (1-\alpha)\,r_{\max} \\
&= \alpha\, r_{\max} \tag{5.3}
\end{aligned}$$

となり,閾値に達した時点で $r(t)$ が閾値の α 倍の値に緩和することが分かる.

ここで緩和振動子を扱う理由は,**TCP** のフロー制御動作と似ているからである[40]. 広く普及している特定の TCP では, 大ざっぽにいって, **スロースタートフェーズ**と呼ばれる特定の期間を除き, フローの送信レートは一定の速度で増加し, 輻輳を検出すると半減する. つまり, 上記の緩和振動子の例で $\alpha = 1/2$ とした場合と (見掛け上) 似た動作をするので, 対比として分かりやすいためである.

(2) 緩和型結合振動子の例 次に, 上記の緩和振動子に基づき, カオスが出現する**結合振動子** (coupled oscillators) のモデルを考える. ここで扱う結合振動子は, **伊東の大地震モデル**[41),42)] と呼ばれるモデルに基づいている.

n 個の振動子を考え, 時刻 t における振動子 i $(i=1,\cdots,n)$ の変位を $r_i(t)$ とする. 振動子の数 n は, 送信レート制御に応用する際にはフロー数となる. 振動子には**隣接関係**と**境界条件**が決められており, 振動子 i は振動子 $i-1$ 及び $i+1$ と隣接関係があり, **周期境界条件** $r_0(t) := r_n(t)$, $r_{n+1}(t) := r_1(t)$ を持つ環のように繋がった構造を想定する. このとき, 我々の考える結合振動子のモデルの動作ルールは以下のように表される.

- 各振動子 i の変位 $r_i(t)$ はある速度 ρ または $\beta\rho$ で増加する. ただし,

5.2 結合振動子に現れるカオスと送信レート制御への応用

β と ρ は定数で, $0 \leq \beta < 1, \rho > 0$ である.

- ある振動子 j の変位 $r_j(t)$ が閾値 $r_{\max}$ に達したとき
  ① 閾値に達した振動子 j については, 変位 $r_j(t)$ の値が $\alpha r_{\max}$ にリセットされる. ここで, α は定数で $0 \leq \alpha < 1$ である. また, 変位がリセットされた後, 振動子 j の変位 $r_j(t)$ の増加速度は ρ となる.
  ② 閾値に達した振動子 j と隣接関係にある振動子 $j-1, j+1$ の変位 $r_{j-1}(t), r_{j+1}(t)$ については, それらの増加速度が $\beta\rho$ となる. 既に増加速度が $\beta\rho$ であった場合は変化しない.

伊東の大地震モデルと呼ばれる結合振動子は $\alpha = 0$ の場合である. また, 振動子間の隣接関係としてより複雑な関係を導入したモデルを考えることもできる. 図 **5.6** は, 振動子数が $n = 2$ の場合の結合振動子の変位の時間発展の例を示したものである.

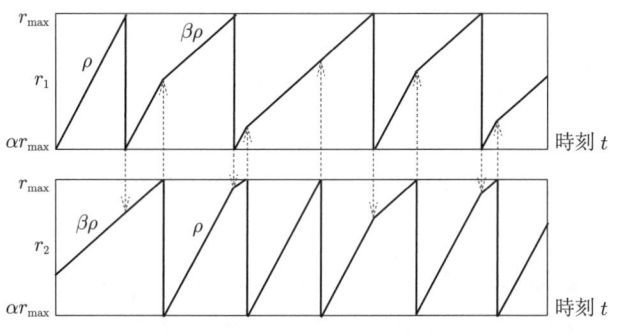

図 **5.6** 振動子数が $n = 2$ の場合の結合振動子の変位の時間発展の例

次に, 上記の結合振動子モデルの変位の時間発展を考える. 振動子 i に隣接する振動子の集合を ∂i とする. このとき, 時間発展方程式は以下のように表すことができる.

$$\frac{dr_i(t)}{dt} = s_i(t) - s_i(t)(1-\alpha) r_{\max} \delta(r_i(t) - r_{\max}) \tag{5.4}$$

ここで, 変位の増加速度 $s_i(t)$ の時間発展は以下のようになる.

$$\frac{ds_i(t)}{dt} = \sum_{j \in \partial i} s_j(t) \, (\beta\rho - s_j(t)) \, \delta(r_j(t) - r_{\max})$$
$$+ s_i(t) \, (\rho - s_i(t)) \, \delta(r_i(t) - r_{\max}) \tag{5.5}$$

これらの時間発展方程式の意味は，式 (5.2) と同様の考え方で理解できる．

以上の方程式から，振動子 i の時間発展は振動子 i 自体とそれに隣接する振動子の変位のみによって決定していて，その他の振動子の状態情報を必要としないことが分かる．これが意味することは，これを送信レート制御に応用して各振動子がフローの送信レートを表すとしたとき，各フローの送信レート制御には当該フローとそれに隣接するフローのみの送信レート情報を利用すれば実現でき，その他のフローの送信レート情報が不要であることである．したがって，送信レート制御は，各フローごとに特定の局所的なフロー情報のみで動作することができ，一種の自律分散的な制御を実現できることが分かる．

5.2.2 カオスを利用した送信レート制御

本項では，伊東の大地震モデルの議論に従って，前述の結合緩和振動子からカオスが現れることを示す[41),42)]．また，この結合振動子を送信レート制御に用いる際の特徴や課題について述べる．

（1）状態空間内の軌跡 議論を簡単にするため，振動子の数が $n = 2$ である結合振動子を扱い，その性質を調べるために**状態空間**を考える．それぞれの振動子の変位は区間 $[\alpha r_{\max}, r_{\max}]$ の中の値をとるので，二つの振動子からなる結合振動子システムの状態は，周期境界を持つ**トーラス状の 2 次元領域** $[\alpha r_{\max}, r_{\max}] \times [\alpha r_{\max}, r_{\max}]$ からなる状態空間内の一点で表される．また，この結合振動子システムの状態の時間発展は，図 **5.7** に示すような状態空間内の軌跡で表される．軌跡は時間とともに右上に伸び，その傾きは β または $1/\beta$ である．これは，一方の振動子の変位の増加速度が ρ のとき，もう一方の振動子については $\beta\rho$ となるからである．また，傾きが変化するのは軌跡が右または上の辺に達したときに限られ，特に変位の増加速度が $\beta\rho$ である振動子の変

5.2 結合振動子に現れるカオスと送信レート制御への応用

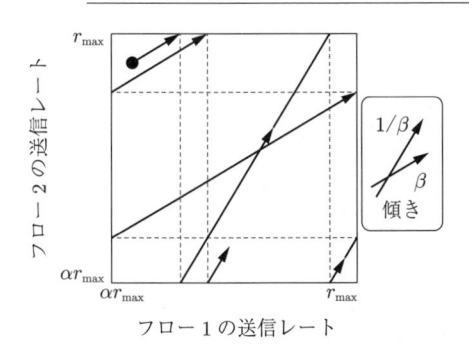

図 5.7 結合振動子の状態変化を表す状態空間内の軌跡

位が閾値 r_{max} に達したときにのみ起こる．この状態空間中に点が与えられたとしても，そこからの時間発展は 2 種類の傾きが考えられ，そのどちらになるのかは過去の状態に依存する．そのため，状態空間上の軌跡は 2 価の**ベクトル場**になる．

状態空間中の一点を与えられるとその後の時間発展が一意に決まるようにするためには，傾きが β と $1/\beta$ となる 2 種類のベクトル場を考え，**図 5.8** のように貼り合わせて状態空間を構成すればよい．このとき，軌跡の傾きが変わるのは図 5.7 の辺を通過するときのみである，という性質を用いている．ここで，図 5.8 の 2 種類のベクトル場は，それぞれの辺に示された矢印が，線で結ばれた相手の辺の矢印と同じ方向で辺を貼り合わせることになり，全体の構造は図

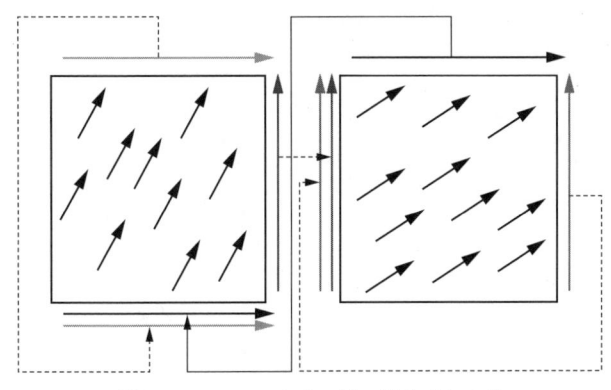

図 5.8 二つのベクトル場の貼合せによる状態空間の構成

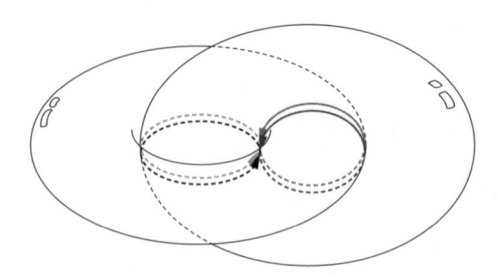

図 5.9　二つのベクトル場を貼り合わせた
ときの全体のトポロジー

5.9 のようになる．これは図 5.2 に示したローレンツアトラクタと同じトポロジー構造を持つことが分かっている．

（2）**結合振動子に現れるカオス**　次に，この結合振動子モデルがカオスを生み出すことを調べる．まず，振動子の変位がリセットされる直前の時点を考え，その時点列での結合振動子の状態を表す状態遷移の規則を考察する．振動子の変位がリセットされるとき，即ち，どちらかの振動子の変位が閾値 $r_{\max}$ に達したとき，の結合振動子の状態を表現する方法を定義しておく．図 5.7 の状態空間で考えると，変位のリセットが起きるのは軌跡が状態空間の上または右の辺に達したときである．そこで，軌跡がこれらの辺に達したときの位置を，図 5.10(a) の上辺から右辺に沿う矢印で示すような経路に沿って $x=0$ から $x=2$ までのパラメータで表現する．図から分かるように，右上の頂点の位置

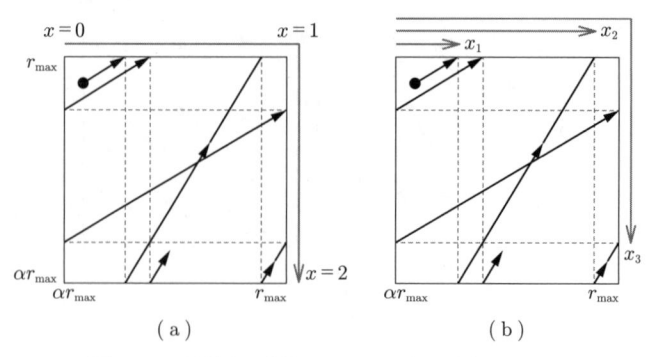

図 5.10　振動子の変位がリセットする時点における
状態の表示方法

が中間点の $x = 1$ となる.具体的に書けば,もし軌跡が状態空間の上辺と交わったとき,状態を表すパラメータ x $(0 \leqq x \leqq 1)$ の値と振動子の変位 $r_1(t)$, $r_2(t)$ との関係は

$$(r_1(t), r_2(t)) = ([\alpha + (1-\alpha)x]r_{\max}, r_{\max})$$

となる.また,軌跡が状態空間の右辺と交わったとき,状態を表すパラメータ x $(1 \leqq x \leqq 2)$ の値と振動子の変位 $r_1(t)$, $r_2(t)$ との関係は

$$(r_1(t), r_2(t)) = (r_{\max}, [1-(1-\alpha)(x-1)]r_{\max})$$

となる.状態 $x_m \in [0, 2]$ を,m 番めにリセットが起きた時点の状態であるとしよう ($m = 1, 2, \cdots$).図 (b) は,軌跡の例に基づき,変位のリセットが起きた時点列での状態を $x_1, x_2, \cdots$ と表した例を示している.このとき,x_m と x_{m+1} の関係を表す再帰的な関係

$$x_{m+1} = f(x_m) \tag{5.6}$$

を考えると,f は以下のように表すことができる.

$$f(x) = \begin{cases} x + \beta & (0 \leqq x < 1-\beta) \\ \dfrac{1}{\beta}x + 2 - \dfrac{1}{\beta} & (1-\beta \leqq x < 1) \\ \dfrac{1}{\beta}x - \dfrac{1}{\beta} & (1 \leqq x < 1+\beta) \\ x - \beta & (1+\beta \leqq x < 2) \end{cases} \tag{5.7}$$

図 **5.11** は,振動子の変位がリセットする時点間の状態遷移を表す関係について図示したものである.まず,図中の横軸から垂直に伸びた 2 本の矢印に注目する.最初のリセット時点で横軸に示される状態 x_1 であったものが,次のリセット時点では太線で表された $f(x)$ との交点の縦軸の値である $x_2 = f(x_1)$ になる.x_2 から更に次の時点の状態 x_3 を得るためには,x_2 の値をそのまま横軸に戻す必要があり,この操作は点線で示した傾き 1 の直線で折り返せばよい.そのような操作を繰り返して次々と $x_1, x_2, \cdots$ を決めていく手順を示した

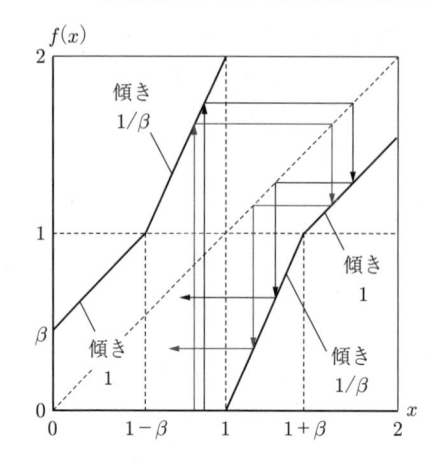

図 5.11 振動子の変位がリセットする時点間の状態遷移を表す関係

ものが図の 2 本の矢印である.

パラメータ β は $0 < \beta < 1$ であるので,図の f の形状について領域 $x \in [1-\beta, 1+\beta]$ で傾きが 1 を超えていることが分かる.このことは,この結合振動子からカオスが発生することを示している.このことを理解するため,今度は 2 本の矢印の差に着目する.初期状態において両者の差が小さかったとしても,状態遷移が進むにつれて差が拡大していることが分かる.この原因は,f の傾きが $1/\beta$ となる領域で折り返すことで,状態の差が $1/\beta$ 倍に拡大することによる.したがって,初期条件における状態の僅かな差も,時間とともに指数関数的に増大していくことになり,カオスが生じていることが分かる.このように,非常に単純で決定論的な動作ルールで動くシステムからもカオスは発生しうる.

ついでにいうと,もし $\beta = 1$ であれば振動子間で影響を与え合う作用はなくなり,初期状態の違いは時間が経っても変わらない.また $\beta > 1$ であれば,f の傾きが $1/\beta < 1$ となるところで異なる軌道の間隔が狭まっていくことになり,異なる初期条件から出発した軌道が同じ軌道に近づいていく,という現象が起こりうる.このシステムでは,パラメータ β の値がシステムの動作に大きな影響を与えていることが分かる.

上記の結果は,n 個の振動子からなる結合振動子(n フローからなる送信レー

5.2 結合振動子に現れるカオスと送信レート制御への応用

ト制御）にも一般化できる．もし，上記例で述べた二つの振動子とは別の振動子があって，その振動子からの影響を受けているとすると，それは変位の増加速度を ρ から $\beta\rho$ に遅くさせる効果に限定される．このことは，結合振動子の動作ルールから明らかで，隣接する結合振動子の変位の増加速度がともに ρ となることは起こらないからである．したがって，他の振動子からの影響があるとすれば，注目している二つの振動子の変位の増加速度をともに $\beta\rho$ に揃える効果に限られる．この効果は，注目している二つの振動子の相互関係をそのまま保つものであり，どちらかの振動子がリセットされるまでその関係は継続する．リセット後の両者の関係はカオスを生み出すルールに従うのであるから，他の振動子の影響はカオスを生み出す構造自体には影響を与えておらず，軌道が離れていく速度を緩める（とはいっても指数関数的に離れることには変わりがない）方向の影響のみである．

（3）**カオスを利用した送信レート制御** 次に，上述の結合振動子に現れるカオスを利用した送信レート制御について考える．カオスの性質により，初期条件の僅かな違いであっても状態空間内のその後の軌道に極めて大きな影響を及ぼす．これを**初期値鋭敏性**と呼ぶ．この性質は結合振動子の未来の状態が予測できないという状況を招く．結合振動子の動作ルール自体は決定論的であり，初期値が与えられれば原理的には未来の状態が完全に決定するが，初期値を無限の精度で与えることができないため，未来の予測ができない．この観点から，結合振動子の未来の状態は，背後に決定論的なルールがあるにもかかわらず，あたかもランダムな現象のように見える．そのため，送信レート制御においてフロー i の送信レートを振動子 i の変位 $r_i(t)$ で決定することにより，それぞれのフローの送信レートがあたかもランダムのように振る舞い，時間的なトラヒックの集中を回避可能であることが期待できる．更に，送信レートのリセットは，送信レートが閾値 $r_{\max}$ に達したフローについて決定論的な規則で行われる．送信レートがリセットされるフローは，その時点で一番大きな送信レートを持つフローであり，**RED** で懸念されたような「送信レートの小さなフローまでもある確率で制限してしまう」という可能性はない．この点から，

カオスを利用した送信レート制御はフロー間の公平性に関して優れた特性を持つことが期待できる．

　それに加えて，階層化の観点から見て以下のような優れた特性が期待できる．状態空間内の軌道を追うようなミクロなスケールの見方では，初期値鋭敏性により軌道が不安定に見えるが，マクロなスケールで全体像を見ると，カオスのストレンジアトラクタとしての形状は初期値の違いに対して非常にロバストである．例えば図 5.2 の軌道は，初期条件の違いで大きく異なるが，全体のマクロな形状は極めて安定している．このことは，カオスを利用した送信レート制御が，フローレベルのミクロな状態だけでなく，システム全体として何らかの秩序を生み出しうることを示唆している．実際に図 5.2 に見られる軸はフローの送信レートに対応するので，ストレンジアトラクタの構造安定性はシステム全体での安定したスループットを実現していると考えられる．また，ストレンジアトラクタの形状は，送信レート制御に現れるパラメータである α, β 及び $r_{\max}$ を変化させることで形状を変形させることができるので，フローレベルのミクロな公平性を保ちつつ，システム全体でのスループットが望ましい値になるよう調整できるという特性を持つことが期待できる．

　一方，この送信レート制御では閾値 $r_{\max}$ が個々のフローごとに設定されているため，ネットワークが混雑していなくても送信レートが制限される現象が発生する．この現象をもう少し詳細に説明する．図 5.3 に示したネットワークモデルにおいて，ネットワークの混雑が起きるのは全てのフローの送信レートの和がリンク帯域 C を超えるときである．そのため，個々のフローの送信レートが閾値 $r_{\max}$ を超えていたとしても，ネットワークが混雑しているとは限らず，送信レートを必要以上に厳しく制限してしまう危険性がある．逆に，閾値 $r_{\max}$ を大きく設定しすぎると，送信レートが閾値に達したフローがなくてもネットワークが混雑することも起こりうる．したがって，閾値 $r_{\max}$ はリンク帯域 C を考慮して適切な値とする必要がある．

　次の 5.3 節では，各フローの送信レートがフローごとの閾値でリセットされるのではなく，ネットワークの混雑が起きたかどうかによって送信レートをリ

セットする方式を検討し，その性質を調べる．

5.3 リンク帯域の制限を考慮した送信レート制御の特性とカオスの回復

5.2 節で述べた送信レート制御は，たとえ未使用のネットワークリソースが残っていたとしても，各フローの送信レートが閾値に達したときに送信レートのリセットが起こる．しかし現実のネットワークでは，送信レートがリセットされるのは，共通のリンクに収容されている全てのフローについて，送信レートの総和がリンク帯域を超えてしまった場合であることが自然である．ここでは，5.2 節で述べた送信レート制御を修正し，送信レートの総和がリンク帯域を超えた場合に送信レートがリセットされる送信レート制御を考え，その性質を調べる．その結果，修正した送信レート制御にはカオスが現れないことが分かる．そのうえで，リンク容量制限の考慮とカオスの発生が両立する送信レート制御方式について述べる．

5.3.1 リンク帯域の制限を考慮した送信レート制御

（1） **修正した送信レート制御方式**　図 5.3 に示したネットワークモデルを前提に，リンク帯域 C の制限を考慮するように修正した送信レート制御を考える．そのための結合振動子の動作ルールは以下のとおりである．

- 振動子 i の変位 $r_i(t)$ は増加速度 ρ または $\beta\rho$ で増加する．つまり，フロー i の送信レート $r_i(t)$ は増加速度 ρ または $\beta\rho$ で増加する．ただし，β と ρ は定数で，$0 \leq \beta < 1, \rho > 0$ である．
- 全ての振動子の変位の和 $\sum_i r_i(t)$ がリンク帯域 C となったら，つまり容量 C のリンクに収容されている全てのフローからの送信レートの和が C に達したら，その時点で最も変位の大きな振動子（最も送信レートの大きなフロー）j を選び
  ① 振動子 j に対しては，変位 $r_j(t)$ を $\alpha r_j(t)$ に緩和する．つまりフロー j に対して送信レートを $r_j(t)$ から $\alpha r_j(t)$ にリセットする．こ

こで，α は定数で $0 \leqq \alpha < 1$ である．同時に変位（送信レート）$r_j(t)$ の増加速度は ρ にリセットされる．

② 振動子（フロー）j に隣接する振動子（フロー）$j-1, j+1$ に対しては，変位（送信レート）$r_{j-1}(t)$ 及び $r_{j+1}(t)$ の増加速度をどちらも $\beta\rho$ にリセットする．既に増加速度が $\beta\rho$ であった場合は変化しない．

この動作ルールには，あるフロー i の送信レートを制御するのに，フロー i 自体の送信レートと，そのフローに隣接するフローの送信レート情報だけでなく，全てのフローについての送信レートの和の情報が必要になる．そのため，5.2 節で説明した送信レート制御が，各フローごとに特定の局所的なフロー情報のみで動作可能な自律分散的な制御であったのとは対照的に，修正した送信レート制御では，局所的なフロー情報に基づく自律分散的な制御とはならないことに注意が必要である．

修正した結合振動子の時間発展方程式を考える．振動子（フロー）i と隣接関係にある振動子（フロー）の集合を ∂i とする．また，時刻 t で最も大きな変位（送信レート）を持つ振動子（フロー）を $k(t) := \arg\max_j r_j(t)$ とする．このとき，修正した結合振動子の変位（送信レート）の時間発展方程式は

$$\frac{dr_i(t)}{dt} = s_i(t) - (1-\alpha)\, r_i(t)\, \delta_{i,k(t)}\, \delta\!\left(\sum_j r_j(t) - C\right) \sum_j s_j(t) \tag{5.8}$$

のように書ける．ここで，$\delta_{i,k(t)}$ は**クロネッカーのデルタ** (Kronecker delta) である．また，変位（送信レート）の増加速度 $s_i(t)$ の時間発展方程式は

$$\begin{aligned}\frac{ds_i(t)}{dt} = & \sum_{l \in \partial i} (\beta\rho - s_i(t))\, \delta_{l,k(t)}\, \delta\!\left(\sum_j r_j(t) - C\right) \sum_j s_j(t) \\ & + (\rho - s_i(t))\, \delta_{i,k(t)}\, \delta\!\left(\sum_j r_j(t) - C\right) \sum_j s_j(t) \end{aligned} \tag{5.9}$$

となる．これらの時間発展方程式の意味もまた，式 (5.2) と同様の考え方で理解できる．

（**2**）**修正した送信レート制御の性質**　　最も単純な例として，フロー数 $n =$

5.3 リンク帯域の制限を考慮した送信レート制御の特性とカオスの回復

2 の場合の状態変化を調べる．2 本のフローの送信レートの和が $r_1(t)+r_2(t) \leq C$ となるように制限されるので，状態空間は**図 5.12** または**図 5.13** のように描ける．ここで，図 5.12 は図 5.13 の特別な場合で，$\alpha = 0$ であり，リセット時の送信レートが 0 になるときの状態空間である．

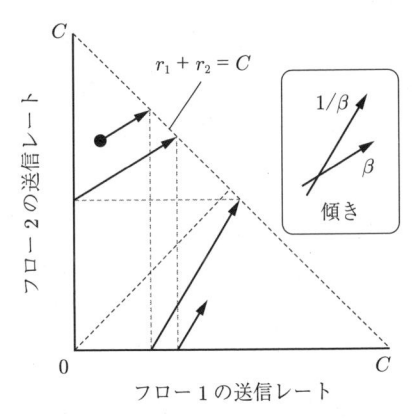

図 5.12 リンク帯域 C の制限を考慮して修正した送信レート制御の状態空間 ($\alpha = 0$)

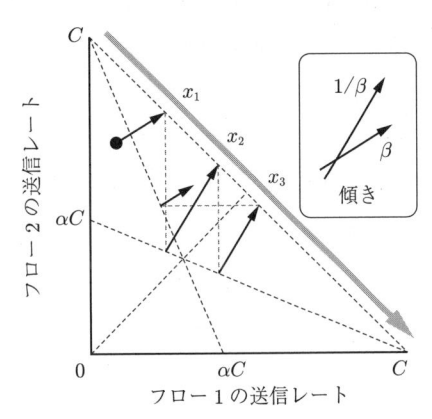

図 5.13 リンク帯域 C の制限を考慮して修正した送信レート制御の状態空間と送信レートがリセットする時点の状態の表示方法

次に，送信レートがリセットされる直前の時点を考え，その時点列でのフローの状態を表す状態遷移の規則を考察する．振動子の送信レートのリセットが起こるのは，送信レートの和がリンク帯域 C に達したときで，それは図 5.13 の軌道が $r_1(t) + r_2(t) = C$ の直線に達したときである．そのときの状態を，$r_1(t) + r_2(t) = C$ の直線に沿ったパラメータ $x \in [0, 1]$ で表現する．状態 x は $r_1(t) + r_2(t) = C$ の直線上の点 $(r_1(t), r_2(t)) = (xC, (1-x)C)$ に対応させることにする．

状態 $x_m \in [0, 1]$ を m 回めにリセットが起きたときの状態とする ($m = 1, 2, \cdots$)．このとき，x_m と x_{m+1} の関係を表す**再帰的**な関係

$$x_{m+1} = g(x_m) \tag{5.10}$$

を考えると，g は式 (5.11) のように表すことができる．

$$g(x) = \begin{cases} \dfrac{1+\alpha\beta}{1+\beta}x + \dfrac{\beta(1-\alpha)}{1+\beta} & (0 \leq x < 1/2) \\ \dfrac{1+\alpha\beta}{1+\beta}x & (1/2 \leq x \leq 1) \end{cases} \quad (5.11)$$

図 5.14 は $g(x)$ を図示したものである．図中の矢印は x_m の系列の例を示したもので，基本的な考え方は図 5.11 と同じである．図 5.14 の矢印を追っていくと，図 5.11 の場合とは異なり，中央に表示された四角い線に近づいていくことが分かる．つまり，この状態遷移には**アトラクタ**が存在する．アトラクタの四角形の左右の辺の x 座標をそれぞれ x_-, x_+ とすると，両者の値は式 (5.12) のようになる．

$$x_- = \frac{1+\alpha\beta}{2+\beta+\alpha\beta}, \quad x_+ = \frac{1+\beta}{2+\beta+\alpha\beta} \quad (5.12)$$

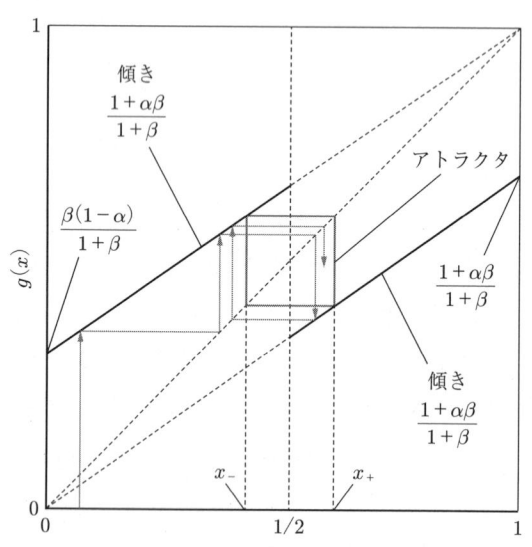

図 5.14 送信レートのリセットが起きる時点間の状態遷移を表す関係とアトラクタ

ここで，アトラクタ周辺の挙動を確認する．アトラクタの座標 x_- に対して ϵ だけずれた状態 $x = x_- + \epsilon$ が与えられたとき，送信レートの次のリセット時点の状態は

5.3 リンク帯域の制限を考慮した送信レート制御の特性とカオスの回復

$$g(x_- + \epsilon) = \frac{1+\alpha\beta}{1+\beta}\left(\frac{1+\alpha\beta}{2+\beta+\alpha\beta} + \epsilon\right) + \frac{\beta(1-\alpha)}{1+\beta}$$

$$= \frac{1+\beta}{2+\beta+\alpha\beta} + \frac{1+\alpha\beta}{1+\beta}\epsilon$$

となる．更に次のリセット時点の状態は

$$\{g \circ g\}(x_- + \epsilon) = \frac{1+\alpha\beta}{1+\beta}\frac{1+\beta}{2+\beta+\alpha\beta} + \left(\frac{1+\alpha\beta}{1+\beta}\right)^2 \epsilon$$

$$= x_- + \left(\frac{1+\alpha\beta}{1+\beta}\right)^2 \epsilon \tag{5.13}$$

となる．この結果から，$\alpha < 1$ であればアトラクタからのずれは幾何的に減少することが分かる．ここで，アトラクタは $\beta < 1$ の場合だけでなく $\beta \geqq 1$ の場合にも存在していることに注意する．したがって，5.2 節のフローごとに閾値を持つ送信レート制御とは異なり，$\beta < 1$ であっても $\beta \geqq 1$ であってもカオスは発生しない．

5.3.2 送信レートの最大値の振舞い

ここでは，修正した送信レート制御による送信レートの振舞いを調べる．図 5.15 はフロー数 $n=2$, $\alpha=1/2$, $\beta=1/2$ の場合の送信レートの数値計算結

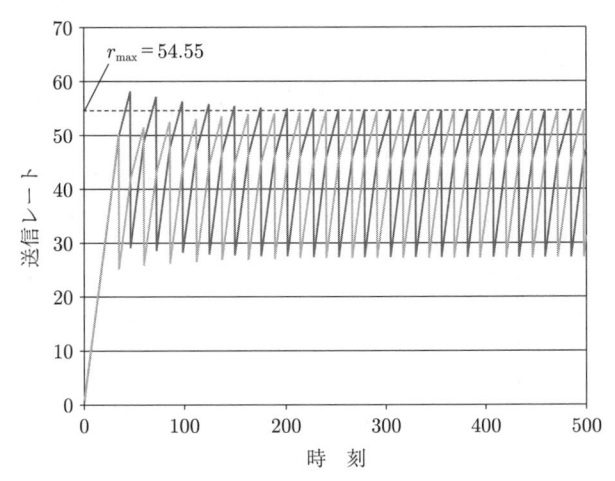

図 5.15　フロー数 $n=2$, $\alpha=1/2$, $\beta=1/2$ の場合の送信レートの数値計算結果

果を示したもので，横軸が時間，縦軸が送信レートで，適当な初期条件から始めた場合の二つのフローの送信レートの時間変化を表している．この結果から，二つのフローの送信レートは逆位相で同期する状態に収束していることが分かる．二つのフローのレートは交互にリセットされ，同じパターンの状態を繰り返している．この状態は図 5.14 のアトラクタで現れた二つの状態 x_-, x_+ を交互に繰り返している動作に対応している．

この結果からは確かにカオスは発生しないが，それは必ずしも悪いこととはいえない．元々カオスを利用しようとしていた目的の一つは，通信トラヒックが時間的に同期してネットワークの混雑を招くことを防止することにあった．その観点から見ると，送信レートが逆位相で同期するというのはネットワーク資源の有効活用としては理想的であり，ランダム化していなくても目的を達していると考えることができる．

それではもっとフロー数を増やした場合の性質を調べる．**図 5.16** はフロー数 $n=3$ で図 5.15 と同様の数値計算を行った結果である．この場合も三つのフローは等間隔に位相をずらして同期している．これに対応する状態空間は 3 次元空間となり，フロー数 $n=2$ の場合の図 5.14 のような分かりやすい表

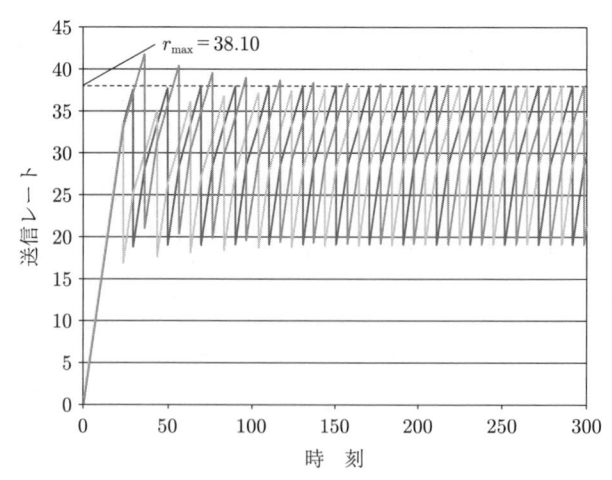

図 **5.16** フロー数 $n=3, \alpha=1/2, \beta=1/2$ の場合の送信レートの数値計算結果

5.3 リンク帯域の制限を考慮した送信レート制御の特性とカオスの回復

現ができないため図による比較はしないが，三つの状態からなるアトラクタを持っているはずである．この結果ももちろんカオスは現れていないが，フロー数 $n = 2$ の場合の結果と同様に，ネットワーク資源の有効活用としては理想的であり，ランダム化していなくても目的を達していると考えることができる．

フローの送信レートが位相を等間隔にずらして同期するのであれば，同期した際の送信レートの最大値 r_max と送信レートの変動パターンの周期 T は，それぞれ以下のように与えられる．

$$r_\mathrm{max} = \frac{2\left[1 + (n-1)\beta\right]}{n\left[2 + (n-1)\beta + (n-1)\alpha\beta\right]} C \tag{5.14}$$

$$T = \frac{2(1-\alpha)}{\rho\left[2 + (n-1)\beta + (n-1)\alpha\beta\right]} C \tag{5.15}$$

次に式 (5.14) と式 (5.15) の導出を確かめる．n 本のフローの送信レートが位相を等間隔にずらして同期しながら αr_max と r_max の間を振動しているとする．図 5.17 は，複数フローの位相が等間隔にずれて同期した場合の送信レートの変化（$n = 6$ の場合）を示したもので，ある注目した1本のフローの送信レートを太線で表示している．各フローには，送信レートの増加速度が ρ である区間と $\beta\rho$ である区間があり，ρ である区間長を x であるとすると $T = nx$ である．送信レートが αr_max から増加する際に，初期の増加速度が ρ で，その後に増加速度が $\beta\rho$ となる．送信レートが r_max に達するときは，全フローの送信レートの総和がリンク帯域 C に達したときであり，その時点で一番大きな送信レート r_max を持つフローの送信レートが αr_max に緩和する．送信レー

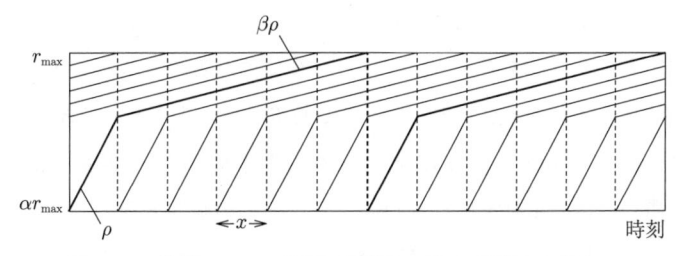

図 5.17 複数フローの位相が等間隔にずれて同期した場合の送信レートの変化 ($n = 6$)

トが緩和する時点で送信レートの総和が C であることから

$$n(\alpha r_{\max} + \rho x) + \beta \rho (x + 2x + \cdots + (n-1)x)$$
$$= n(\alpha r_{\max} + \rho x) + \beta \rho x \frac{n(n-1)}{2}$$
$$= C \tag{5.16}$$

である．また，変動パターンの周期が $T = nx$ となることから

$$\alpha r_{\max} + \rho x + \beta \rho x (n-1) = r_{\max} \tag{5.17}$$

である．式 (5.17) より

$$x = \frac{(1-\alpha) r_{\max}}{\rho(1 + \beta(n-1))} \tag{5.18}$$

であり，これを式 (5.16) に代入して整理することで式 (5.14), (5.15) を得る．

式 (5.14) で得られた送信レートの最大値 $r_{\max}$ は図 5.15 と 図 5.16 に点線で表示している．これより，送信レートの振舞いは素早くアトラクタに吸収されていることが分かる．

さて，フロー数 $n = 2$ と 3 の場合に，フローの送信レートが整然と位相をずらして同期することができた理由は何であろうか．修正された送信レート制御の動作ルールでは，確かに送信レートのリセットには全フローの送信レート情報を必要とするが，あるフローの送信レート制御で直接影響を与えることができるのは，当該フローとそれに隣接するフローに限られる．そのため，フロー数 n が大きいとき，この送信レート制御のしくみでフロー全体を同期することは困難であるように思える．フロー数 $n = 2$ と 3 は，あるフローとそのフローに隣接するフローを考えると，フロー全体になるので，ある意味でフロー全体の影響を及ぼすことができるサイズであると考えることもできる．図 **5.18** は，フロー数 $n = 6$ で，図 5.15 と同様の数値計算を行った結果である．十分時間が経過した後の挙動を確認したいため，横軸の範囲を変えていることに注意する．この結果から，位相を等間隔にずらした送信レートの同期は観測されず，送信レートの変化の規則性も一般の場合には必ずしも明らかではない．そ

5.3 リンク帯域の制限を考慮した送信レート制御の特性とカオスの回復

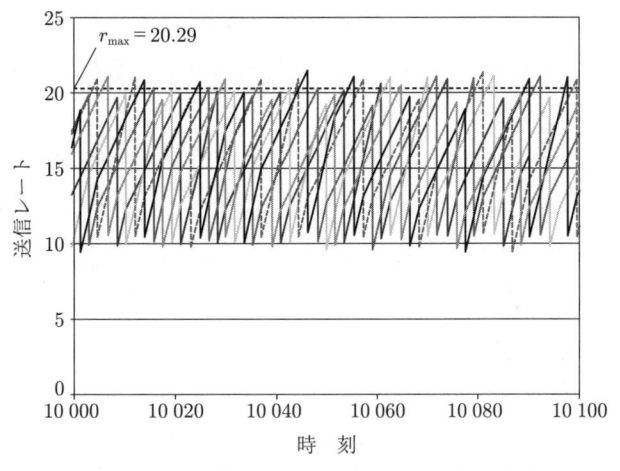

図 5.18 フロー数 $n = 6$, $\alpha = 1/2$, $\beta = 1/2$ の場合の送信レートの数値計算結果

のため，将来にわたって送信レートが時間的に同期したりせずにネットワークの混雑を回避できる，というような保証を与えることができない．

以上をまとめると，5.2 節で扱ったフローごとに閾値を持つ送信レート制御を，リンク帯域の制限を考慮した現実的なフロー制御となるように修正すると，フローの局所情報のみで自律分散制御として実装できた利点が失われるうえに，カオスが現れた特性も失われてしまうため，5.1.3 項で述べたカオスに基づく階層制御の枠組みは適用できない．たとえカオスが現れなかったとしても，送信レートの位相が等間隔でずれて同期するなどしてネットワーク資源の有効活用が実現すればよいが，一般にはそのような同期は実現しない．

5.3.3 カオスに基づく階層制御の枠組みの回復

（1） 結合振動子の閾値の設計法　　5.2 節で記述したように，カオスに基づく送信レート制御の技術的課題は，振動子の閾値 $r_{\max}$ を適切に決定する方法を確立することであり，その際にリンク帯域 C を考慮しなければならない．一方，カオスとは直接関係しないが，全てのフローの送信レートについて，それらの位相が等間隔でずれて同期した場合，送信レートの閾値は式 (5.14) で求

めることができた．しかし，リンク帯域 C を考慮して修正した送信レート制御では，フロー数 n が大きくなるとフローの送信レートが整然と位相をずらして同期することはなかった．

図 5.18 では，フロー数 $n=6$ のときの送信レートの評価結果に式 (5.14) から得た r_{max} の値を表示している．この場合，送信レートの同期は起きないため，r_{max} の値の意味が 図 5.15 や 図 5.16 のような同期した場合の上限値にはなっていないが，送信レートの上限値は r_{max} の周囲に分布していることが分かる．表 5.1 はいくつかの n に対して，送信レートの上限値の平均値と，式 (5.14) で求めた r_{max} の値を比較したものである．ただし，$\alpha=1/2, \beta=1/2, C=100$ としている．この結果から，両方の値が非常に近い値となっていることが分かる．式 (5.14) で求めた r_{max} は，送信レートが整然と位相をずらして同期している状況にはなくても，それなりに意味のある値であることが分かる．

表 5.1 いくつかの n に対して，送信レートの上限値の平均値と式 (5.14) から算出した r_{max} の値の比較

n	5	10	50	100	500	1 000
数値計算から算出	23.99	12.57	2.57	1.29	0.258	0.129
式 (5.14) から算出	24.00	12.57	2.63	1.32	0.266	0.133

このような考察から，5.2 節で導入したカオスに基づく送信レート制御に対して，振動子の閾値 r_{max} を式 (5.14) で与えることは，課題解決の重要な糸口を与えると考えられる．閾値を式 (5.14) で与えることで，カオスに基づく送信レート制御がリンク容量 C の有効利用を考慮したものになることが期待できる．更に，こうして得られる送信レート制御は，振動子の緩和が個々の閾値によって起こるため，カオスの出現が保証され，カオスに基づく階層制御の枠組みを回復することができる．したがって，フロー間の公平性を保ったまま，システム全体としての安定した性能を実現し，しかもフローに関する局所情報のみで分散制御としての実装が可能であると期待できる．ここで，式 (5.14) の計算に必要なフロー数 n は厳密には局所情報ではないことに注意する．つまり，特

定のフロー及びそれに隣接するフローの情報だけでは，フロー数 n が決まらない．しかし，n の変化は各フローの送信レートの変化に比べて緩慢であり，送信レートの状態情報に求められる情報のリアルタイム性に比べて，もっとゆっくりとした時間スケールの情報であって構わない．そのため，フロー数 n 自体は厳密には局所情報ではないかもしれないが，送信レート制御に利用可能な情報であるとして実装が可能であると期待できる．

（**2**）**平均スループット**　カオスに基づく送信レート制御において，振動子の閾値をフローが整然と整然と位相をずらして同期している状態を参考に決定したが，全体の**スループット**性能に関しても，整然と位相をずらして同期している場合の値が目安になる可能性がある．フローの送信レートの総和を考え，その時間平均を $\langle r \rangle$ とする．全てのフローの送信レートが，整然と位相をずらして同期した場合の $\langle r \rangle$ は

$$\langle r \rangle = \alpha\, r_{\max} + \frac{(1-\alpha)\left[2n-1+(n-1)^2\beta\right]}{2n\left(1+(n-1)\beta\right)} r_{\max} \tag{5.19}$$

で与えられる．一方，振動子間に相互作用がない場合 ($\beta = 1$)，それぞれの振動子が区間 $[\alpha r_{\max}, r_{\max}]$ で緩和振動を繰り返す場合，送信レートの総和の時間平均 $\langle r \rangle|_{\beta=1}$ は

$$\langle r \rangle|_{\beta=1} = \frac{1+\alpha}{2} r_{\max} \tag{5.20}$$

である．一般に，式 (5.19) から得られる $\langle r \rangle$ は，$\beta < 1$ に対して $\langle r \rangle > \langle r \rangle|_{\beta=1}$ であることが分かる．

図 **5.19** にパラメータ β の値に対するスループットの比を示す．図は，$\alpha = 1/2$, $C = 100$, フロー数が $n = 10, 100, 1000$ に対して，パラメータ β の値に対する平均スループット $\langle r \rangle$ を，$\beta = 1$ の平均スループット $\langle r \rangle|_{\beta=1}$ に対する比で表示している．パラメータ β の値を調整することで，平均スループットを 30% 程度改善する可能性があることが分かる．この性質は，全てのフローの送信レートが整然と位相をずらして同期した場合に現れるが，フロー間に相互作用がない $\beta = 1$ の場合には現れないことから，フロー間の相互作用が本質的

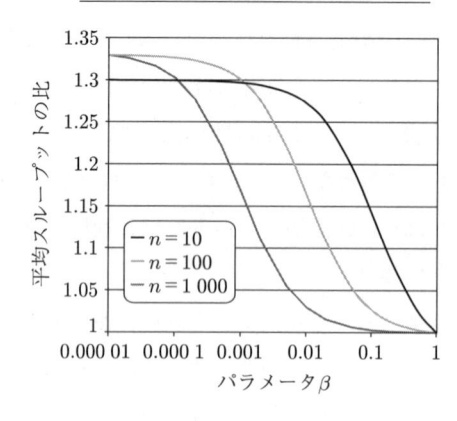

図 5.19 パラメータ β の値に対するスループットの比

であるはずである．そのため，カオスに基づく送信レート制御においても，フロー間の相互作用によりパラメータ β の値を調整することでストレンジアトラクタの形状を変化させ，平均スループットを改善することができるはずである．

このように，カオスの軌道に関するミクロレベルの不安定性と，ストレンジアトラクタの形状であるマクロレベルの構造安定性を利用して，ユーザ間の公平性とシステム全体の安定した性能を実現することができる．カオスを利用したこのような枠組みは，階層型の自律分散ネットワーク制御技術の一例となっている．

（3） **RED との性能比較**　結合振動子の閾値 $r_{\max}$ を式 (5.14) で与えた送信レート制御の性能を RED による制御と比較する．図 5.3 のネットワークモデルに対して，$\alpha = 1/2$, $\beta = 1/2$, $C = 20$ Mbps，フロー数 $n = 10$，パケットサイズ 552 バイト，ルータのバッファサイズ 3 000 パケットとして，パケットベースのシミュレーション実験によってフローを集約したリンクでのスループットとフロー間の公平性を調べる[43]．

図 5.20 はフローを集約したリンクのスループットの経時変化を示したものである．カオスを利用した送信レート制御はリンク帯域を使い切るように動作している．RED のスループットはパラメータを調整することでもっとよい結果を出すことも可能であると考えられるが，RED は本来パケットを廃棄しながら動作するものであり，そのたびに TCP の動作によってパケットを廃棄さ

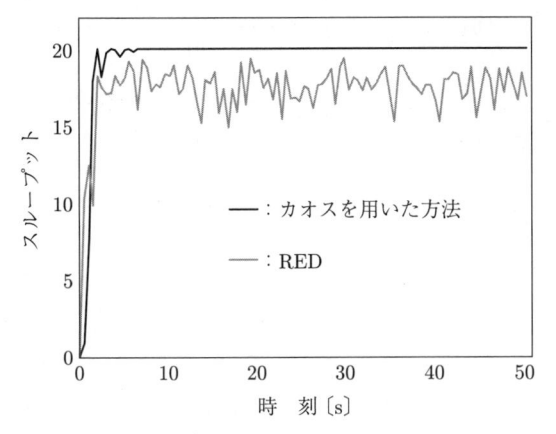

5.3 リンク帯域の制限を考慮した送信レート制御の特性とカオスの回復

図 5.20 フローを集約したリンクのスループットの経時変化

れたフローのウィンドウサイズが収縮するため，リンク帯域を使い切ることはできない．

次にフロー間の公平性の評価として，一定時間間隔で各フローの平均スループットを計測し，同じ時間帯の各フローの平均スループットに関してフロー間でのばらつきを考える．スループットの計測時間間隔は 0.5 s と 1.0 s とし，平均スループットのばらつきを分散で表した結果がそれぞれ図 5.21，図 5.22 で

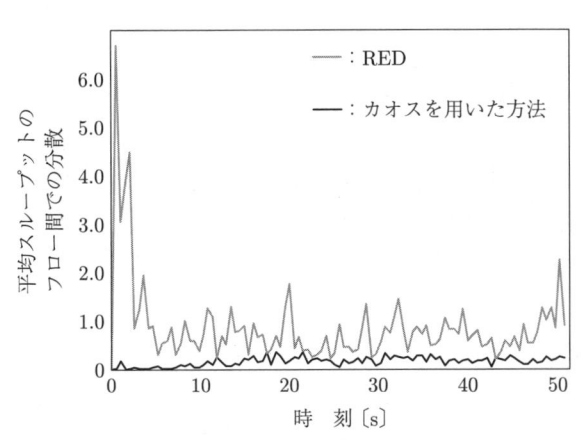

図 5.21 スループットの計測時間間隔 0.5 s のときの平均スループットのばらつき

5. カオスを利用した分散制御

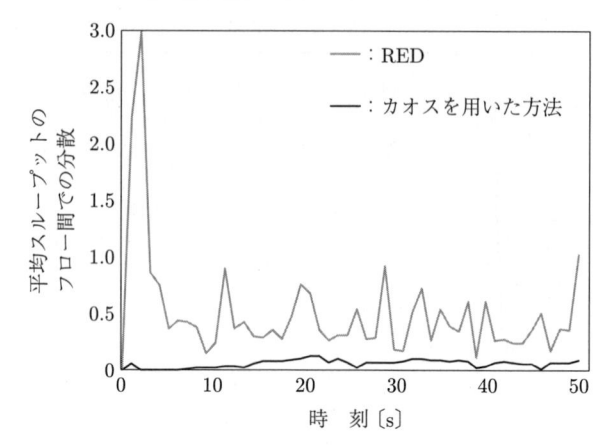

図 5.22 スループットの計測時間間隔 1.0 s のときの平均スループットのばらつき

ある．分散の値が小さいほど公平性が高いといえる．カオスの決定論的な動作規則により，カオスを利用した送信レート制御は必ず最も送信レートが高いフローの送信レートが抑えられるため，RED よりも良好な公平性を実現していることが分かる．

章 末 問 題

【1】 式 (5.7) を確かめよ．
【2】 式 (5.11) を確かめよ．
【3】 式 (5.12) のアトラクタの座標 x_+ に対して ϵ だけずれた状態 $x = x_+ + \epsilon$ が与えられたとき，式 (5.11) の g を用いて $\{g \circ g\}(x)$ を調べよ．
【4】 式 (5.19) と式 (5.20) を確かめよ．
【5】 式 (5.19) と式 (5.20) について $\langle r \rangle > \langle r \rangle|_{\beta=1}$ を確かめよ．

第6章
くりこみ変換と階層構造

本章では，時間的及び空間的スケールに関する階層構造に基づき，階層間に発生する相互作用の例を考察する．具体的には，通信システムとユーザの間に生じる相互作用によって励起されるユーザからの再試行トラヒックを対象とし，くりこみ変換を用いて通信システムとユーザの間の階層構造を表現することで，再試行トラヒックのダイナミクスの考察を行う方法について解説する．

6.1 準静的アプローチ

本節では，ユーザと通信システム間の相互作用を分析するために，両者の動作時間のスケールが大きく異なることを利用した階層的な分析法である準静的アプローチの概要を説明する．

6.1.1 ユーザと通信システム間の相互作用と階層構造

くりこみ変換とは，1.3.3 項で見たように，ミクロレベルでは多様な自由度を持つ大規模なシステムから，マクロレベルで本質的に効いてくる少数の自由度を抜き出す方法の一つである．ミクロなレベルで詳細を見ると多くのパラメータで記述されるシステムが，マクロレベルで少数のパラメータによって支配される，という現象自体は決して珍しいものではなく，自然界のみならず工学的システムにおいても多くの例が考えられる．例えば，通信ネットワークのリンクに多数の送信者から独立に発生するトラヒックを多重したとき，個々の送信者からのトラヒック自体はそれぞれ複雑に変動していたとしても，多くのトラ

ヒックを多重すると統計的な**大群化効果**により，トラヒックの平均値による扱いがよい近似を与える，という例が挙げられる．この例は，ミクロレベルの独立なトラヒックの性質を単純に集めたときの統計的な性質によるものであるが，本章で想定している現象は，より複雑で「ネットワーク的」なシステムについて，マクロレベルでの性質を抜き出す操作を考えることである．ここで「ネットワーク的」と表現した意味は，検討対象の間に何らかの相互作用があって，検討対象が元来持っていた性質よりも相互作用による効果が本質的に効いてくるようなシステムを意味していて，言い換えれば，単なる構成要素の集まりではなく，構成要素を集めたときにそれらの相互関係から生まれる「何か」が本質的に重要となるようなシステムである．

具体例として，参考文献44)のプロローグに書かれている「人の顔つき」の例を借りて説明する．正月の遊びとして知られている「福笑い」は，顔の輪郭を描いた紙の上に，目，口，鼻などの顔のパーツを配置して，顔の表情を作る遊びである．このシステムの構成要素は目，口，鼻などのパーツであり，もし我々がこれらの構成要素の性質を精密に知っていたとしても，それらを配置したときに生み出される「顔つき」が分かるわけではない．「顔つき」はパーツの配置の相互関係によって，構成要素間の相互作用により生み出されるもので，これこそが「ネットワーク的」な効果によるものである．福笑いの顔つきを遠くから見ると，構成要素である顔のパーツ自体の性質よりも，それらの相互作用によって生み出された効果が本質的になる．これが，マクロレベルでの「ネットワーク的」な効果によって現れる非自明な特徴である．くりこみ変換が扱うのは，このようなネットワーク的なシステムにおいてマクロレベルでの特徴を抽出するような用途を期待している．

本章では，ユーザと通信システムの相互作用によって発生するユーザからの再試行トラヒックを対象とし，**準静的アプローチ**と呼ぶ方法によって再試行トラヒックのダイナミクスを考察する．準静的アプローチとは以下の特徴を持つ分析方法である．

- ユーザと通信システム間の相互作用の記述　　通信システムへの入力ト

ラヒックが増加することによって輻輳が発生すると，通信システムの応答時間が増大する．システムの応答時間が長くなることで，サービスの終了を待ちきれないユーザがサービス要求を再試行し，その結果，再試行のトラヒックによって輻輳が更に悪化する可能性がある．このようにユーザの状態と通信システムの状態が相互に影響を与え合う現象を相互作用と呼ぶ．このようなユーザと通信システムを合わせた大きなシステムを考えるとき，ユーザと通信システムのそれぞれの単独な性質が重要なのではなく，ユーザと通信システム間の相互作用こそがシステムのダイナミクスを理解するうえで本質的な役割を演じる．

- **ユーザと通信システムのダイナミクスの分離** 一般に大規模な通信システムの動作速度は速く，人間が認知したり反応したりすることが可能な時間スケールに比べて極めて短い時間スケールでの状態変化が起こっている．このような動作時間のスケールの違いを利用し，ユーザと通信システムのダイナミクスを分離して階層構造を考える．以降で見るように，この手順は一種のくりこみ変換と考えることができる．

ユーザと通信システムの相互作用を考えるための最も単純なモデルは，**M/M/1 待ち行列**に再試行トラヒックを導入して拡張したモデルであり，図 6.1 はそのモデルを表現したものである．

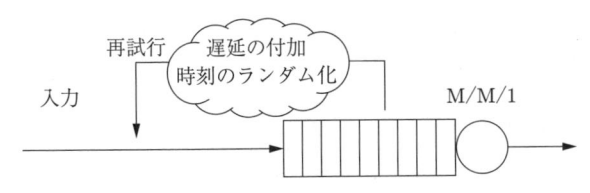

図 6.1 M/M/1 待ち行列に再試行トラヒックを導入して拡張したモデル

M/M/1 待ち行列モデルとは，一つのサーバからなるシステムに，ある一定の入力レートで客がランダムに到着し，サーバにおいてある一定の平均を持つ指数分布に従う時間をかけてサービスを受け，サービス完了後に退去するシステムであり，サーバが使用中の場合はサーバが空くまでシステム内で待つ，と

6. くりこみ変換と階層構造

いう待ち行列モデルである．通信システムの例では，通信に関する処理をサーバでモデル化し，入力する客はユーザからの通信要求であるとしている．例えば，通信システムで通話を開始する際に必要な，発信者と着信者の間の論理的な通信路を確立するための呼処理の部分をモデル化したものだと考える．

次に，再試行として，通信システムが混雑してシステムの応答時間が長くなることによって，待ちきれないユーザが再度通信要求を発生させる現象を考え，それゆえに再試行の発生頻度は何らかの形でシステム内の通信要求数（系内客数）に比例すると考える．

M/M/1 モデルに対して，通常の入力のほかに再試行トラヒックが加わるモデルに拡張してみる．系内客数に何らかの形で比例するような再試行のレートを考えるとき，最も基本的なモデルは，ある時点の再試行のレートが，その時点の系内客数に比例するモデルである．再試行トラヒックが現時点の系内客数に比例する（比例係数 $\epsilon \geq 0$）とした場合の，再試行を入れて拡張した M/M/1 モデルの**状態遷移速度図**は 図 6.2 のようになる．ここで λ_0 は再試行を含まない本来の通信要求の発生レートであり，μ はサービスレート（つまり平均サービス時間が $1/\mu$）である．系内客数が i $(i = 0, 1, \cdots)$ となる定常状態確率を p_i とすると，時間が経っても定常状態確率が変化しないことから，状態間の遷移量が釣り合って

$$\mu p_i = (\lambda_0 + (i-1)\epsilon) p_{i-1}$$

が成り立つ必要があり

$$p_i = \frac{\lambda_0 + (i-1)\epsilon}{\mu} p_{i-1}$$

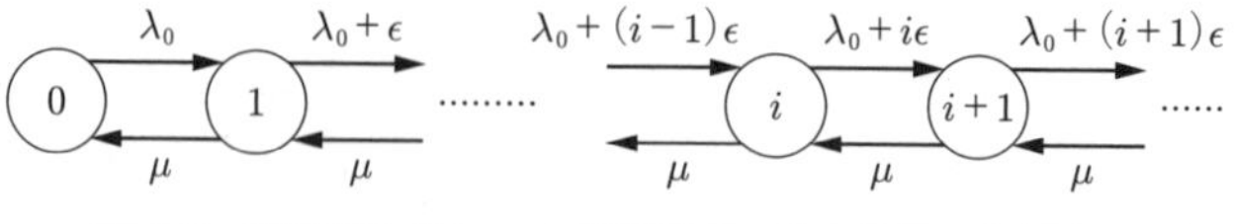

図 6.2 再試行トラヒックが現時点の系内客数に比例するとした場合の，再試行を入れて拡張した M/M/1 モデルの状態遷移速度図

$$= \frac{\lambda_0 + (i-1)\epsilon}{\mu} \frac{\lambda_0 + (i-2)\epsilon}{\mu} p_{i-2}$$
$$\vdots$$
$$= \prod_{j=0}^{i-1} \frac{\lambda_0 + j\epsilon}{\mu} p_0 \tag{6.1}$$

となって，p_0 で表すことができる．p_0 は，全ての確率 p_i の和が 1 であることから求めることができ

$$p_0 = \left[1 + \sum_{i=1}^{\infty} \prod_{j=0}^{i-1} \left(\frac{\lambda_0 + j\epsilon}{\mu} \right) \right]^{-1} \tag{6.2}$$

となる．このモデルが定常状態確率を持つためには $p_0 > 0$ でなければならない．もし再試行レートの比例係数を $\epsilon = 0$ とすると，通常の M/M/1 モデルに帰着し，$\lambda_0 < \mu$ であれば

$$p_0 = 1 - \frac{\lambda_0}{\mu} > 0$$

となって，定常状態確率は

$$p_i = \left(1 - \frac{\lambda_0}{\mu}\right) \left(\frac{\lambda_0}{\mu}\right)^i \tag{6.3}$$

となる．しかし，再試行レートの比例係数が $\epsilon > 0$ の場合，式 (6.2) の右辺の括弧内の第2項は発散するため $p_0 = 0$ となり，定常状態確率を持たない．たとえ $\lambda_0 < \mu$ であって，かつ $\epsilon \ll 1$ であったとしても，$\epsilon > 0$ である限り j が増大すると $j\epsilon$ はいくらでも大きくなるため，系内客数が大きくなると，再試行トラヒックの影響で入力レートがサービスレート μ を超える．そのため $\epsilon > 0$ では系内客数は発散し，再試行トラヒックも発散する．

　実際の通信システムでは，通常の運用状態で再試行トラヒックが発散することはない．そのため，上記モデルは再試行の振舞いを適切にモデル化できていないことが分かる．図 6.2 のモデルのどこに問題があったのであろうか．このモデルでは，再試行トラヒックの入力レートが現時点の系内客数に比例するとしていた．しかし，ユーザの行動が現時点のシステムの状態に即座に反応でき

るだろうか．もしそのような状況が可能だとするなら，システムの状態変化がユーザが認知したり反応したりするのに十分なくらいゆっくり動いているか，または相対的な関係としては同じことであるが，人間の認知や反応に関する時間分解能が極めて高く，システムの動作に即座に追従できる状況を仮定していることになる．通常の通信システムの状態変化は，ユーザの認知や反応の時間スケールに比べて極めて高速であり，ユーザの行動が通信システムの現時点の状態に即応することは考えられない．そのため図 6.2 で表されたモデルは適当ではないことが分かる．

6.1.2 準静的アプローチのコンセプト

ここで，図 6.2 で表されたモデルを出発点にして，ユーザの認知や反応に関する時間分解能が徐々に粗くなっていくような変化を与えてみる．すると，再試行トラヒックのレートは現時点の系内客数のみに依存するのではなく，過去の系内客数の影響も考える必要が出てくる．そこで，過去の適当な期間の平均系内客数に依存して再試行トラヒックのレートが決まるモデルを考え，ユーザの時間分解能を粗くしていく具体的な手順を以下のようにする．

- まず適当な時点列をとって，その時点での系内客数を計測する．
- 現時点の系内客数と過去の時点で計測した系内客数から，ある期間の平均系内客数を算出し，再試行トラヒックのレートをその値に比例するようにする．

平均系内客数を算出するための計測回数を n とすると，システムの状態は現在及び過去を合わせて n 個の系内客数に依存したものになり，状態遷移速度図は n 次元の**マルコフ連鎖** (Markov chain) として表現できる．ちなみに図 6.2 は $n = 1$ であり，状態が現在の系内客数のみに依存して 1 次元のマルコフ連鎖となっている．一般の n に対しては図 6.2 の 1 次元格子を n 次元格子に拡張した状態遷移となる．ユーザの時間分解能が粗くなるように変化することは，より長い期間での平均系内客数に依存するように変化することになるので，n が増大することに対応する．しかし，通信システムの動作が高速になると $n \gg 1$

であり，n 次元格子の状態空間が爆発してマルコフ連鎖による定常状態確率の計算が困難になる．

準静的アプローチ (quasi-static approach) とは，上記課題を解決するための方法であり，高速な通信システムに対して再試行トラヒックの振舞いを評価することができる．この方法は，ユーザの行動の時間スケールと通信システムの動作時間スケールを分離して扱う方法を与え，具体的な方法は複数の異なる操作を考えることができる．これらについては後述するとして，ここではまずコンセプトを伝えることを優先して手順を簡略化すると，大まかな考え方は以下のようにまとめることができる．

- 人間が認知したり反応したりすることが可能な時間スケール T を導入する．
- 通信システムの動作速度が高いと T は通信システムにとって非常に長い時間になるから，T の長さの期間内では通信システムは定常状態にあるとして扱う．
- 通信システムの実質的な変化はユーザによって引き起こされるので，システムの変化は定常状態を保ったまま T の時間スケールで非常にゆっくり起こる．

一般に，システムが平衡状態を保ったまま非常にゆっくり状態変化が起こることを**準静的過程** (quasi-static process) といわれることから，上記の考え方でユーザと通信システムの動作を分離する方法を準静的アプローチという．

図 **6.3** は通信システムの動作速度に関して，準静的アプローチのコンセプトを示したものである．横軸はユーザの行動の時間スケールに対する通信システムの速度を表している．通信システムの動作速度が遅ければユーザは現時点の通信システムの状態に即応できるので，図 6.2 で示したマルコフ的なアプローチを適用できる．通信システムの速度が高くなる変化を考えると高次元マルコフ連鎖のモデルが適用できるが，高速化に伴い状態空間が爆発し，高速な通信システムに対しては適用が困難である．準静的アプローチとは，まずシステムの動作が無限に高速である状況を考える．このことは有限な時間 T で通信シス

6. くりこみ変換と階層構造

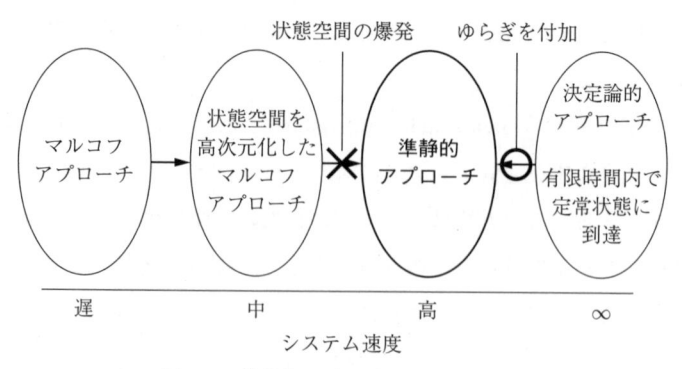

図 6.3 準静的アプローチのコンセプト

テムの状態が定常状態に達することを意味している．通信システムの動作速度の高速極限を考えることで，ユーザと通信システムの関係から確率的な要素が消えて，両者を決定論的に簡単に分離でき，システムのダイナミクスが簡略化する．ここで，現実の通信システムの動作速度は高速ではあっても有限であることから，動作速度の高速極限から得たダイナミクスに適当な確率的ゆらぎを加えることで，高速システムでのダイナミクスを得る．

そこで，まず通信システムの動作速度の高速極限を考えたときの入力トラヒックの変化を考察する．以下では M/M/1 の定常状態確率 (6.3) から，一般に入力レートが λ であるときの平均系内客数が

$$\sum_{i=0}^{\infty} i\, p_i = \left(1 - \frac{\lambda}{\mu}\right) \sum_{i=0}^{\infty} i \left(\frac{\lambda}{\mu}\right)^i$$
$$= \frac{\lambda/\mu}{1 - \lambda/\mu} \tag{6.4}$$

となることを用いる．

時間スケール T によって，ユーザと通信システムの動作を分離する準静的アプローチの考え方を具体化する方法はいくつものバリエーションを考えることができるが，ここでは最も簡単な方法として以下のような取扱いを行う．

- 時間軸を T を単位として時間区間に区切る．
- 区切られた長さ T の時間区間内でシステムは定常状態にある．

6.1 準静的アプローチ

- $k+1$ 番めの時間区間の定常状態は，直前の時間区間 k の平均系内客数に依存し，それ以前の時間区間の状態にはよらない．

図 6.4 は，時間軸を T の長さで区切ったモデルの時間発展の様子を図示したものである．

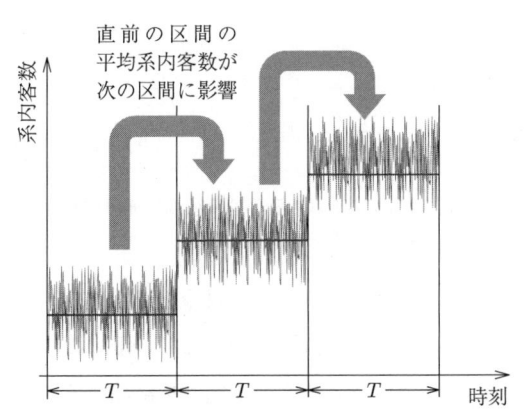

図 6.4 時間軸を T の長さで区切ったモデルの時間発展の様子

時間軸を T の長さで区切った k 番めの時間区間において，再試行トラヒックを含む入力レートを λ_k とする．このとき，次の時間区間 $k+1$ での入力レート λ_{k+1} を考えると，再試行を含まない入力レート λ_0 と時間区間 k での平均系内客数に比例した再試行トラヒックの和となるので

$$\lambda_{k+1} = \lambda_0 + \epsilon \frac{\lambda_k/\mu}{1 - \lambda_k/\mu} \tag{6.5}$$

となる．ここで，$\epsilon > 0$ は比例係数である．

通信システムの安定性を，入力トラヒックのレートが発散しないことと定義する．即ち

$$\lim_{k \to \infty} \lambda_k < \infty$$

である．この安定性を図を用いて考察する[45]．図 6.5 に，通信システムの動作速度の高速極限における入力トラヒックの安定性を示す．横軸はある時間区間 k での入力レート，縦軸は次の時間区間 $k+1$ での入力レートを表したもので

(a) 交点がないとき→不安定

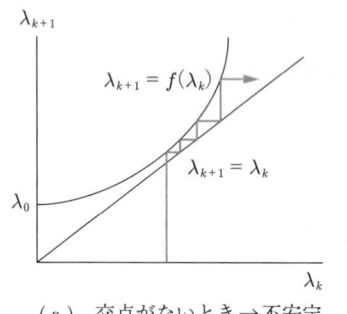

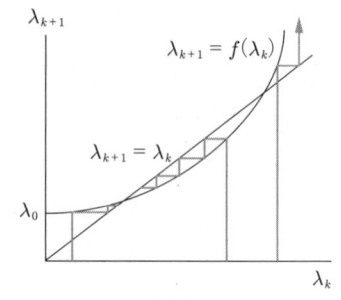

(b) 2点で交わるとき→安定領域あり

図 6.5 通信システムの動作速度の高速極限における入力トラヒックの安定性

ある．式 (6.5) で表される λ_k と λ_{k+1} の関係を $\lambda_{k+1} = f(\lambda_k)$ として表示すると同時に，原点を通る傾き 1 の直線を表示している．このとき，傾き 1 の直線との交点の有無により通信システムの安定性を議論することができる．もし交点がなければ，図 (a) のように，時間区間が進むたびに矢印のように入力トラヒックのレートが変化し発散する．一方，両者が交点を持ち，右側の交点の位置よりも小さな初期条件で始まれば，入力トラヒックのレートは左側の交点の位置に対応する値に収束する．初期条件が右側の交点を超えているときは入力トラヒックのレートは発散する．

このことを，図 6.2 で示したユーザが通信システムの現時点の状態に即応するモデルと比較する．図 6.2 のモデルの分析で見たように，ユーザの反応が瞬間的に起こるとするモデルでは，入力トラヒックのレートは常に発散した．しかし，通信システムの動作の高速極限を考えることで，ユーザの反応が緩やかになって通信システムの状態変化が緩慢になり，入力トラヒックが発散しない条件を作り出すことができる．

6.1.3 準静的アプローチに現れるゆらぎの表現方法

現実の通信システムでは，動作速度は高速であっても有限なので，図 6.3 のコンセプトに沿って高速極限での決定論的な議論に確率的なゆらぎを加える必

要がある.そこでまず一般論として,入力トラヒックの大きさを表す適当な量 $X(t)$ を導入し,$X(t)$ の時間発展を考える.$X(t)$ は確率過程であり,時間発展は決定論的な要因だけでなく確率的な要因も関与するとして,以下の**確率微分方程式**で時間発展の規則を与える.

$$\frac{dX(t)}{dt} = f_1(X) + f_2(X)\,\eta(t) \tag{6.6}$$

ここで,$f_1(X)$ は $X(t)$ の決定論的な変化を特徴付ける関数で,通信システムの動作速度の高速極限における性質から決まるものとする.また,$\eta(t)$ は確率的なゆらぎを表す**ガウス白色雑音** (Gaussian white noise) であり,時刻 t での $\eta(t)$ は標準正規分布に従う確率変数で

$$E[\eta(t)] = 0, \quad E[\eta(t)\,\eta(s)] = \delta(t-s) \tag{6.7}$$

となる.ここで,E は期待値の操作を表す.式 (6.7) は,ゆらぎの期待値が 0 であることと,各時刻でのゆらぎ $\eta(t)$ が異なる時刻で無相関であること,つまり時刻が僅かでも違えば $\eta(t)$ は完全に相関を失うことを意味し,ゆらぎの理想的な性質を表す式である.$f_2(X)$ はそのゆらぎの強さを表す関数である.このように,確率変数 $X(t)$ の変動を決定論的な要因と確率的なゆらぎに分けて書き下した確率微分方程式を**ランジュバン方程式**という.ランジュバン方程式 (6.6) を**ウィーナー過程** (Wiener process) を用いた形式で書き直すと

$$dX(t) = f_1(X)\,dt + f_2(X)\,dW(t) \tag{6.8}$$

となる.ここで,$W(t)$ はウィーナー過程である (付録 A.3 参照).

$X(t)$ の時間発展を表す確率微分方程式 (6.6) から,$X(t)$ の確率密度関数に対する時間発展方程式を導くことを考える.付録 A.3 では,特定の確率過程 $X(t)$ に対して,$X(t)$ の時間発展を記述するランジュバン方程式から $X(t)$ の確率密度関数 $p(x,t)$ の時間発展を記述するフォッカー・プランク方程式を導く方法を示している.この導出のための条件は,$t<s$ に対して確率過程 $X(t)$ と時刻 s でのゆらぎの強さが独立となることである.しかし式 (6.6) では,ゆらぎの強さ $f_2(X)$ が $X(t)$ に依存することを許し,**伊藤過程**の一種となっている

(付録 A.4 参照). ゆらぎの強さが X に依存する場合には, 独立性が成り立たない. そのため, 付録 A.3 の論法で $X(t)$ に関連した確率密度関数の時間発展を表すためには, 式 (6.6) のゆらぎの強さから $X(t)$ の依存性を消去しなければならない. 以下の議論は適宜付録 A.3 及び A.4 を参照されたい.

まず, 一般論として以下の伊藤過程を考える.

$$dX(t) = F_1(X,t)\,dt + F_2(X,t)\,dW(t) \tag{6.9}$$

ここで, $F_1(X,t)$ と $F_2(X,t)$ は X と t に関する適当な関数である. いま, 2階微分可能なある関数 $y(x,t)$ を用いて新しい確率過程

$$Y(t) := y(X(t),t) \tag{6.10}$$

を導入する. このとき, $Y(t)$ が満たす確率微分方程式は**伊藤の補題**(付録 A.4 参照)により

$$dY(t) = \frac{\partial y}{\partial t}\,dt + \frac{\partial y}{\partial X}\,dX + \frac{1}{2}\frac{\partial^2 y}{\partial X^2}(dX)^2 \tag{6.11}$$

と得られる. 式 (6.11) に式 (6.9) を代入し, 付録 A.4 の式 (A.57) を用いて dt より高次の項を消去すると

$$\begin{aligned}(dX)^2 &= (F_1(X,t)\,dt + F_2(X,t)\,dW(t))^2 \\ &= F_1(X,t)^2\,(dt)^2 + 2\,F_1(X,t)\,F_2(X,t)\,(dt\,dX) \\ &\quad + F_2(X,t)^2\,(dW(t))^2 \\ &= F_2(X,t)^2\,dt \end{aligned} \tag{6.12}$$

となり, $Y(t)$ の確率微分方程式は

$$\begin{aligned}dY(t) &\equiv dy(X,t) \\ &= \left(\frac{\partial y}{\partial t} + \frac{\partial y}{\partial X}F_1(X,t) + \frac{1}{2}\frac{\partial^2 y}{\partial X^2}F_2(X,t)^2\right)dt \\ &\quad + \frac{\partial y}{\partial X}F_2(X,t)\,dW \end{aligned} \tag{6.13}$$

6.1 準静的アプローチ

となる. 式 (6.13) からゆらぎの強さの X 依存性を消去するためには

$$\frac{\partial y}{\partial X} F_2(X,t) = 1$$

であればよい. このことから

$$y(X,t) = \int^X \frac{1}{F_2(u,t)} du \tag{6.14}$$

$$\frac{\partial y(X,t)}{\partial X} = \frac{1}{F_2(X,t)} \tag{6.15}$$

$$\frac{\partial^2 y(X,t)}{\partial X^2} = -\frac{1}{(F_2(X,t))^2} \frac{\partial F_2(X,t)}{\partial X} \tag{6.16}$$

が得られる. これらを用いると式 (6.13) は

$$dY(t) = \left(\frac{\partial y}{\partial t} + \frac{F_1(X,t)}{F_2(X,t)} - \frac{1}{2}\frac{\partial F_2(X,t)}{\partial X}\right) dt + dW \tag{6.17}$$

となる.

今の場合, 式 (6.8) と式 (6.9) を比較して $F_1(X,t) = f_1(X)$ と $F_2(X,t) = f_2(X)$ から, $F_2(X,t)$ は t に陽に依存せず, $y(X,t)$ もまた t に陽に依存しないため, $\partial y/\partial t = 0$ であり

$$\begin{aligned} dY(t) &\equiv dy(X,t) \\ &= \left(\frac{f_1(X)}{f_2(X)} - \frac{1}{2}\frac{df_2(X)}{dX}\right) dt + dW \end{aligned} \tag{6.18}$$

となる. これをランジュバン方程式の形式で書けば

$$\frac{dY(t)}{dt} = \left(\frac{f_1(X)}{f_2(X)} - \frac{1}{2}\frac{df_2(X)}{dX}\right) + \eta \tag{6.19}$$

となる. 式 (6.14) の関係を使って

$$y = \int^x \frac{1}{f_2(y)} dy$$

から, 式 (6.19) の右辺第 1 項を

$$G(y) := \frac{f_1(x)}{f_2(x)} - \frac{1}{2}\frac{df_2(x)}{dx}$$

のように y を用いた関数で書き換えると

$$\frac{dY(t)}{dt} = G(Y) + \eta \tag{6.20}$$

となる．この段階で時間発展を表す確率微分方程式の拡散項から X 依存性が消えたので，ゆらぎの強さが Y によらず一定となる．このような形で表すと，ランジュバン方程式 (6.20) が表すダイナミクスを直観的に理解することができる．右辺第1項（ドリフト項）の表す決定論的な遷移は，ポテンシャル関数 $U(y)$ を

$$U(y) := -\int G(y)\,dy = \int G(y)\,\frac{dy}{dx}\,dx \tag{6.21}$$

と定義すると，$U(y)$ の傾きに比例して値が低い方向にドリフトが生じるような表示をすることができる．

ゆらぎの X 依存性が消えたので，付録 A.3 に従って確率密度関数の時間発展方程式を導く．ランジュバン方程式 (6.20) と式 (6.6) を比較することで，$Y(t)$ の確率密度関数 $q(y,t)$ の時間発展方程式は式 (A.41) に対応させて

$$\frac{\partial q(y,t)}{\partial t} = -\frac{\partial}{\partial y}\left[G(y)\,q(y,t)\right] + \frac{1}{2}\frac{\partial^2}{\partial y^2}\,q(y,t) \tag{6.22}$$

となる．時間発展方程式を式 (6.22) の形式で表現する利点は，y の値によらずノイズの強さが一定となるから，ドリフト項の関数をポテンシャル関数で表現したときに，関数の形状でシステムの大まかな特性が理解可能となることである．ポテンシャル関数の勾配や値の高低によって，確率密度関数の振舞いが直観的に理解できる．

一方，ゆらぎの強さに X 依存性を残した時間発展方程式 (6.6) では，ランジュバン方程式の決定論的な項だけで特性を理解することが困難で，ゆらぎの項からもドリフトの効果が生じることになる．そのことを明示的に見るために，$X(t)$ 自体の確率密度関数 $p(x,t)$ の時間発展を記述するフォッカー・プランク方程式を考える．

それに先立ち，拡散方程式 (2.5) で記述される拡散現象が生じる理由を考察しておく．密度関数 $p(x,t)$ の変化を引き起こす流れ $J(x,t)$ がフィックの法

則 (2.4) に従うことが本質的である．つまり，ある点での密度関数の変化は，密度の高いほうから低いほうに向けて密度勾配に比例して起きる．このフィックの法則が成り立つしくみが，背後のランダムな動きによって実現しているとなると，どのような仕掛けになっているのか考える．

図 **6.6** に，密度に違いがあるときのランダムな移動によって生じる流れの例を示す．図ではパイプの中に白玉と黒玉が入っていて，全ての玉が独立で同一の確率的規則でランダムに運動しているとする．今，パイプの真ん中に仮想的な点線を引いて，その線の左側と右側で黒玉の存在確率が異なっているとする．ある微小な時間区間内に左右から点線を通過する黒玉を考えると，左右それぞれから通過する量は，それぞれ黒玉の存在確率に比例するはずである．この現象をマクロな視点で見て，一つひとつの黒玉を区別しないとすると，左右の密度の差に比例した量の黒玉が，密度の高いほうから低いほうに移動したように見えることになる．

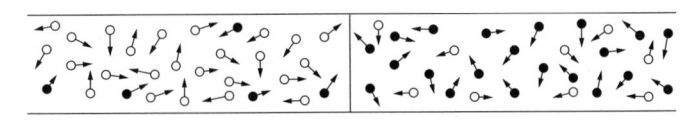

図 **6.6** 密度に違いがあるときのランダムな移動によって生じる流れの例

次に同様な状況で，密度と移動の強さが左右で異なる状況を考える (図 **6.7**)．ある微小な時間区間内に左右から点線を通過する黒玉を考えると，左右それぞれから通過する量は，それぞれ黒玉の存在確率に比例するだけでなく，移動の強さにも比例するはずである．したがって，この現象をマクロな視点で見たとき，密度と移動の大きさの積を考えてその量の左右による差に比例した量の黒

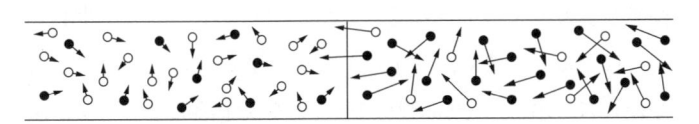

図 **6.7** 密度と移動の強さに違いがあるときのランダムな移動によって生じる流れの例

6. くりこみ変換と階層構造

玉が,密度と移動の大きさの積の大きいほうから小さいほうに移動するように見えるはずである.

場所 x での密度を $p(x,t)$ とし,その場所でのランダムな移動の強さを $f_2(x)$ とすれば,フィックの法則に対応する密度関数の流れ $J(x,t)$ は

$$J(x,t) = -\frac{\partial}{\partial x}\left(f_2(x)\,p(x,t)\right) \tag{6.23}$$

となる.これを連続の式 (2.1) に代入することで

$$\frac{\partial}{\partial t}p(x,t) = \frac{\partial^2}{\partial x^2}\left(f_2(x)\,p(x,t)\right) \tag{6.24}$$

となる.ドリフト項を考える必要がある場合は

$$J(x,t) = f_1(x)\,p(x,t) - \frac{\partial}{\partial x}\left(f_2(x)\,p(x,t)\right) \tag{6.25}$$

とすれば,ランジュバン方程式 (6.6) に対応するフォッカー・プランク方程式

$$\begin{aligned}\frac{\partial}{\partial t}p(x,t) &= \frac{\partial}{\partial x}\left(f_1(x)\,p(x,t)\right) + \frac{\partial^2}{\partial x^2}\left(f_2(x)\,p(x,t)\right)\\ &= \left(\frac{\partial}{\partial x}f_1(x) + \frac{\partial^2}{\partial x^2}f_2(x)\right)p(x,t)\end{aligned} \tag{6.26}$$

を得る.

密度関数の流れ (6.25) の右辺第 2 項をもう少し詳しく見ると,これは x に関する 1 階微分の項に見えるが,分解すると

$$\frac{\partial}{\partial x}\left(f_2(x)\,p(x,t)\right) = \frac{\partial f_2(x)}{\partial x}\,p(x,t) + f_2(x)\,\frac{\partial p(x,t)}{\partial x}$$

となり, $p(x,t)$ に比例する項と $\partial p(x,t)/\partial x$ に比例する項が現れる.これは,ゆらぎの強さが場所によって異なることで,ドリフトの動きを生む効果が含まれていることになる.つまり,式 (6.6) の右辺第 1 項の決定論的な項と第 2 項の確率的なゆらぎの項は,それぞれがそのまま決定論的なドリフト項と確率的な拡散項に一対一に対応するわけではなく,決定論的な効果と確率的な効果が完全には分離されていないことを意味する.このことから,式 (6.22) の場合と

は異なり，ドリフト項の分析で大まかなダイナミクスを理解することはできない．一方で，測定量に直接関連した X の確率密度関数を扱っているため，数値実験などの評価は比較的簡単に実施することができる．

6.2 ユーザの時間分解能のくりこみ群と準静的アプローチ

通信ネットワークの設計・制御に関する伝統的なアプローチでは，システムの詳細な状態情報を活用することは厳密な制御や正しい設計に結び付くと考える傾向にあった．しかし，6.1.1項のユーザと通信システムの相互作用の例で分かるように，ミクロレベルの詳細な状態情報は必ずしも適切な結果には結び付くとは限らない．時間的及び空間的スケールによる階層構造のアーキテクチャでは，ミクロスケールの詳細な状態情報をマクロスケールでの観測を通して把握することはできないので，マクロスケールでどのような状態情報が観測されるのかについて知ることができるシステマティックな方法が必要となる．逆にいえば，マクロスケールで観測可能な量は，異なる階層間の関係を考えるうえで本質的な役割を演じる．なぜなら，マクロスケールで観測できない量は，マクロスケールの動作に影響を与えず，マクロスケールから制御できる可能性もないからである．本節では，異なる階層間の相互作用を考えるために，準静的アプローチを例としてくりこみ変換の役割を考える．

6.2.1 再試行を含む入力トラヒックレートのくりこみ変換

6.1節で議論した再試行を入れて拡張した M/M/1 モデルにくりこみ変換を導入する．時刻 t での入力トラヒックレート $\Lambda(t;T)$ を式 (6.27) のように定義する．

$$\Lambda(t;T) := \lambda_0 + \epsilon \langle Q_T \rangle_t \tag{6.27}$$

ここで，$\epsilon > 0$ は定数で，$\langle Q_T \rangle_t$ は，人間が認知したり反応したりすることが可能な時間スケールを T としたときに，現時点 t の直前の長さ T の期間に

対する平均系内客数である．したがって，入力トラヒックレート $\Lambda(t;T)$ は，再試行を含まない入力トラヒックレート λ_0 と，平均系内客数 $\langle Q_T \rangle_t$ に比例する再試行トラヒックのレートとの和で与えられる．

以下に，平均系内客数 $\langle Q_T \rangle_t$ の具体例を二つ示す．時刻 t における系内客数を $Q(t)$ としたとき，一つめの具体例は

$$\langle Q_T \rangle_t := \frac{1}{T} \int_{t-T}^{t^-} Q(s)\, ds \tag{6.28}$$

である．このモデルは時刻 t の再試行トラヒックのレートが，時間区間 $[t-T, t)$ 内の平均系内客数に比例するものである．二つめの具体例は

$$\langle Q_T \rangle_t := \frac{1}{T} \int_{-\infty}^{t^-} Q(s)\, e^{-\frac{1}{T}(t-s)}\, ds \tag{6.29}$$

で，過去の系内客数に指数関数の重みを掛けて平均系内客数を算出する方法である．図 **6.8** はそれを図示したものである．このモデルは非常に自然なもので，時刻 $s\,(<t)$ にシステム内にいた客の影響が，平均 T の指数時間間隔後に再試行トラヒックとして入力するとした場合，再試行トラヒックレートは平均系内客数 (6.29) に比例することになる．図 **6.9** は，式 (6.29) による平均系内客数 $\langle Q_T \rangle_t$ における過去の系内客数の影響を表したもので，過去の時刻 t の状態が現時刻 t での再試行トラヒックレートに与える影響を足し上げた量になっている．平均系内客数 $\langle Q_T \rangle_t$ の定義として式 (6.28) と式 (6.29) のどちらを選んだとしても同じ議論が可能なので，以下では特に断らない限りはどちらの定義でも同様に成り立つ結果を示す．

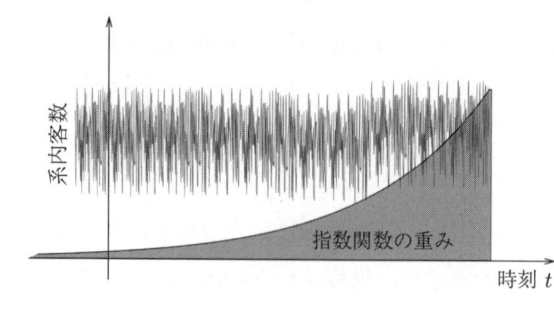

図 **6.8** 過去の系内客数に指数関数の重みを掛けて平均系内客数を算出する方法

6.2 ユーザの時間分解能のくりこみ群と準静的アプローチ

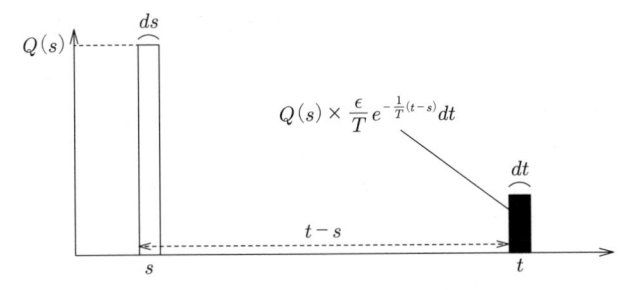

図 6.9 式 (6.29) による平均系内客数 $\langle Q_T \rangle_t$ における過去の系内客数の影響

もし人間の能力が向上し，通信システムの状態変化に即座に反応できるようになったとすると，$T \to 0$ となることに対応し

$$\lim_{T \to +0} \langle Q_T \rangle_t = Q(t^-) \tag{6.30}$$

と，$\lambda(t) := \Lambda(t; +0)$ から

$$\lambda(t) = \lambda_0 + \epsilon Q(t^-) \tag{6.31}$$

を得る．これは図 6.2 の状態遷移速度図で記述されるモデルに対応する．つまり入力トラヒックレート (6.27) は，図 6.2 のモデルに対して，人間の認知や反応に関する時間分解能が粗くなるように変換したモデルになっていることが分かる．

ここで，再試行を含む入力トラヒックレートと系内客数とは，相互に影響を及ぼし合っていることに注意する．入力トラヒックレートの変化は系内客数の変化に直接影響するのはもちろんであるが，平均系内客数の変化は式 (6.27) によって入力トラヒックレートに影響を及ぼす．このことから，もし人間の認知や反応に関する時間スケール T を変えると，式 (6.27) によって入力トラヒックレートが変化し，結果的に系内客数 $Q(t)$ が変化することになる．それゆえ，系内客数 $Q(t)$ は人間の行動の時間分解能に依存することになる．

$Q(t)$ の T 依存性を考慮するように，以下のような**くりこみ変換**を導入する．まず，粗視化の変換を考える．あるパラメータを $\alpha \geqq 1$ とし，人間の時間分

解能が $1/\alpha$ に低下するとする．つまり，人間が認知したり行動したりする時間スケール T が α 倍に増大する．このような粗視化によって入力トラヒックのレートが受ける変換を $\mathcal{K}_\alpha$ と表記する．この粗視化の変換を**カダノフ変換** (Kadanoff transformation) と呼ぶ．カダノフ変換 $\mathcal{K}_\alpha$ の具体的な形は，平均系内客数 (6.28) に対しては

$$\mathcal{K}_\alpha(\Lambda(t;T)) = \Lambda(t;\alpha T)$$
$$= \lambda_0 + \frac{\epsilon}{\alpha T} \int_{t-\alpha T}^{t^-} Q^*(\alpha, s)\, ds \tag{6.32}$$

となり，平均系内客数 (6.29) に対しては

$$\mathcal{K}_\alpha(\Lambda(t;T)) = \Lambda(t;\alpha T)$$
$$= \lambda_0 + \frac{\epsilon}{\alpha T} \int_{-\infty}^{t^-} Q^*(\alpha, s)\, e^{-\frac{1}{\alpha T}(t-s)}\, ds \tag{6.33}$$

で与えられる．ここで，$Q^*(\alpha, t)$ はパラメータ α の値で変化する系内客数を表し，人間の時間分解能の低下によって $Q(t)$ から変化する．もちろん $Q^*(1,t) = Q(t)$ である．ちなみに，正確にいえば，人間の時間分解能が向上したときも $Q(t)$ は変化するから，式 (6.30) と式 (6.31) に現れる $Q(t^-)$ も時間分解能で変化していて，その場合は $\alpha < 1$ として同様の記号を流用すれば $Q^*(+0, t^-)$ ということになる．

平均系内客数 (6.28), (6.29) で統一した議論を行うために，$Q^*(\alpha, t)$ に関連して以下の記法を導入する．式 (6.28) に関しては

$$\langle Q^*_{\alpha,\beta,T}\rangle_t := \frac{1}{T} \int_{t-T}^{t^-} Q^*(\alpha, \beta s)\, ds \tag{6.34}$$

とし，式 (6.29) に関しては

$$\langle Q^*_{\alpha,\beta,T}\rangle_t := \frac{1}{T} \int_{-\infty}^{t^-} Q^*(\alpha, \beta s)\, e^{-\frac{1}{T}(t-s)}\, ds \tag{6.35}$$

とする．この記法を用いると，カダノフ変換 (6.32), (6.33) は次のような同じ形式 (6.36) で表現できる．

6.2 ユーザの時間分解能のくりこみ群と準静的アプローチ

$$\mathcal{K}_\alpha(\Lambda(t;T)) = \lambda_0 + \epsilon \left\langle Q^*_{\alpha,1,\alpha T} \right\rangle_t \tag{6.36}$$

次に時間スケールを $1/\alpha$ 倍するスケール変換

$$\mathcal{S}_\alpha(\Lambda(t;T)) = \lambda_0 + \epsilon \left\langle Q^*_{1,\alpha,T/\alpha} \right\rangle_t \tag{6.37}$$

を考える．このとき時間軸のスケールが変わるだけで，$Q(t) = Q^*(1,t)$ の形状自体には変化を与えない．

カダノフ変換とスケール変換を組み合わせることで，くりこみ変換 $\mathcal{R}_\alpha$ を式 (6.38) のように定義する．

$$\mathcal{R}_\alpha := \mathcal{S}_\alpha \circ \mathcal{K}_\alpha \tag{6.38}$$

入力トラヒックレート $\Lambda(t;T)$ のくりこみ変換の具体的な形は

$$\begin{aligned}\mathcal{R}_\alpha(\Lambda(t;T)) &= \{\mathcal{S}_\alpha \circ \mathcal{K}_\alpha\}(\Lambda(t;T)) \\ &= \lambda_0 + \epsilon \left\langle Q^*_{\alpha,\alpha,T} \right\rangle_t \end{aligned} \tag{6.39}$$

となる．図 **6.10** は，平均系内客数を式 (6.28) とした場合のくりこみ変換の手

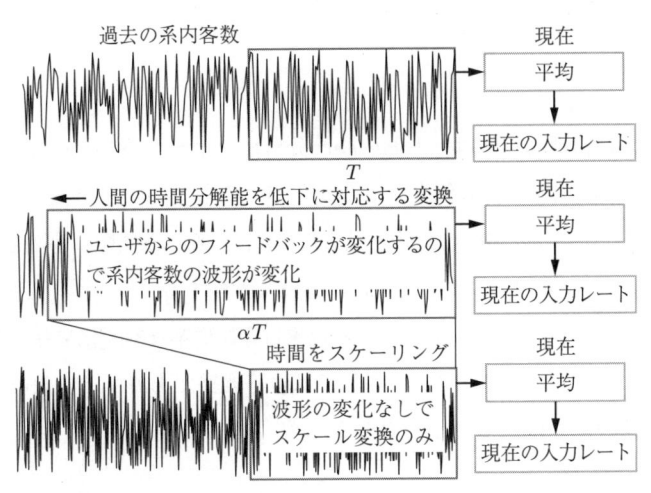

図 **6.10** 平均系内客数 $\langle Q_T \rangle_t$ を式 (6.28) とした場合のくりこみ変換の手順

順を説明したものである．ちなみに，くりこみ変換は以下の**半群**としての性質

$$\mathcal{R}_1(\Lambda(t;T)) = \Lambda(t;T) \tag{6.40}$$

$$\{\mathcal{R}_\alpha \circ \mathcal{R}_\beta\}(\Lambda(t;T)) = \mathcal{R}_{\alpha\beta}(\Lambda(t;T)) \tag{6.41}$$

$$\{\mathcal{R}_{\alpha\beta} \circ \mathcal{R}_\gamma\}(\Lambda(t;T)) = \{\mathcal{R}_\alpha \circ \mathcal{R}_{\beta\gamma}\}(\Lambda(t;T)) \tag{6.42}$$

を満たすため，**くりこみ群**と呼ばれる．今後は簡略化のため $\Lambda_\alpha(t;T) := \mathcal{R}_\alpha(\Lambda(t;T))$ と表現する．

6.2.2 入力トラヒックレートのくりこみ群方程式

一般の α に対して $Q^*(\alpha,t)$ の具体的な関数形を知ることはできないので，式 (6.39) 中の平均値 $\langle Q^*_{\alpha,\alpha,T} \rangle_t$ を決めることができず，そのため一般の α に対する入力トラヒックレート $\Lambda_\alpha(t;T)$ を決めることができない．ここでは，$\alpha \gg 1$ となる特別な場合についてのくりこみ変換を考え，そのときの入力トラヒックレート $\Lambda_\alpha(t;T)$ を調べる．$\alpha \gg 1$ の条件は，相対的にいえば，システムの動作速度が人間の動作時間スケール T に比べて極めて速い状況を表している．そのとき，次のような**くりこみ群方程式** (6.43) を考える．

$$\frac{\partial}{\partial \alpha} \Lambda_\alpha(t;T) = 0 \tag{6.43}$$

式 (6.43) の物理的意味は，人間の時間分解能を十分粗くした後で，それ以上時間分解能を変化させても何も新しい変化が起こらない状況を表している．

パラメータ α による微分の意味を見るために，くりこみ変換の手順を式 (6.38) によってスケール変換とカダノフ変換に分けて考察する．スケール変換 $\mathcal{S}_\alpha$ は時間軸の目盛を変えるだけで，起きている現象自体には本質的変化を与えないので，入力トラヒックレート $\Lambda(t;T)$ に関しては恒等変換である．そのため式 (6.37) は式 (6.44) のように表すことができる．

$$\mathcal{S}_\alpha(\Lambda(t;T)) = \lambda_0 + \epsilon \left\langle Q^*_{1,\alpha,T/\alpha} \right\rangle_t$$
$$= \lambda_0 + \left\langle Q^*_{1,1,T} \right\rangle_t$$
$$= \Lambda(t;T) \tag{6.44}$$

したがって，くりこみ群方程式 (6.43) は式 (6.44) から

$$\frac{\partial}{\partial \alpha}\Lambda_\alpha(t;T) = \frac{\partial}{\partial \alpha}\mathcal{K}_\alpha(\Lambda(t;T))$$
$$= \epsilon \frac{\partial}{\partial \alpha}\left\langle Q^*_{\alpha,1,\alpha T} \right\rangle_t$$
$$= 0 \tag{6.45}$$

となる．式 (6.45) は T が長くなったとしても $\left\langle Q^*_{\alpha,\alpha,T} \right\rangle_t$ が不変に保たれることを意味していて，その状態は即ち平均系内容数を算出する対象が定常状態にあることを意味している．

6.3 ダイナミクスの縮約と準静的アプローチ

本節では，まず断熱近似の考え方を導入し，それがくりこみ変換と同じ結果を導くことを確認する．また，断熱近似からのずれの非断熱効果を表現する方法と，準静的アプローチとの関係を議論する．

6.3.1 断熱近似とくりこみ群方程式

断熱近似 (adiabatic approximation) とは，固体物理学で伝統的に使われてきた考え方で，分子や個体の構造で，核の動きは電子の動きに比べて極めてゆっくりしたものであるという事実に基づき，核は静止しているという仮定のもとで電子の状態を調べる近似法である．この考え方は，動作時間が著しく異なる対象からなるシステムの分析に適用可能である．

まず断熱近似を以下のように導入する[46]．システムに外力が働かない場合，システムの状態は $q(t) = 0$ に緩和するものとし，その緩和の強さは平衡点 0

からの変位量 $q(t)$ に比例するとする.更に外力 $F(t)$ が働くとして,次のような時間発展方程式 (6.46) を考える.

$$\frac{d}{dt}q(t) = -\gamma q(t) + F(t) \tag{6.46}$$

ここで,$q(t)$ は入力トラヒックレートの一部の再試行トラヒックに対応する量

$$q(t) := \Lambda_\alpha(t;s) - \lambda_0 \tag{6.47}$$

であるとし,$\gamma > 0$ である.式 (6.46) の解は

$$q(t) = \epsilon \int_0^t e^{-\gamma(t-s)} F(s)\, ds \tag{6.48}$$

で与えられる.式 (6.48) から,$q(t)$ は外力 $F(t)$ の入力に対する応答と考えられ,$q(t)$ は現時点の外力 $F(t)$ だけでなく過去の外力にも依存していることを表している.もし $q(t)$ の変化が $F(t)$ の変化に比べて極めて速いとすると,外力の現時点の値 $F(t)$ のみが $q(t)$ に影響していると考えることができる.例えば,$F(t)$ の時定数を $1/\delta$ とし,$F(t) = ae^{-\delta t}$ とおく.ここで,a は定数である.これを式 (6.48) に代入して積分を実行すると

$$q(t) = \frac{a}{\gamma - \delta}\left(e^{-\delta t} - e^{-\gamma t}\right) \tag{6.49}$$

を得る.ここで,$q(t)$ の変化は $F(t)$ に比べて極めて速いという仮定を用いると,$\gamma \gg \delta$ なので

$$q(t) \cong \frac{a}{\gamma} e^{-\delta t} \equiv \frac{1}{\gamma} F(t) \tag{6.50}$$

となる.この状況は,時定数 $1/\gamma$ が外力の時定数 $1/\delta$ に比べて極めて小さいことを意味している.

上記の取扱いを**断熱近似**と呼ぶ.式 (6.50) の結果は,式 (6.46) において $dq(t)/dt = 0$ とすることからも得られる.

次に,断熱近似とくりこみ群の関係を考察する.まず式 (6.39) から始めると

$$\Lambda_\alpha(t;T) = \lambda_0 + \epsilon \left\langle Q^*_{\alpha,\alpha,T} \right\rangle_t \tag{6.51}$$

なので，断熱近似では式 (6.47) と式 (6.50) から

$$\Lambda_\alpha(t;T) = \lambda_0 + \frac{1}{\gamma} F(t) \tag{6.52}$$

となる．これを式 (6.51) と比較することで，ゆっくりと変動する外力は

$$F(t) = \gamma \epsilon \left\langle Q^*_{\alpha,\alpha,T} \right\rangle_t \tag{6.53}$$

と表すことができる．それゆえ，式 (6.46) は

$$\frac{d}{dt} q(t) = \gamma \left\{ -q(t) + \epsilon \left\langle Q^*_{\alpha,\alpha,T} \right\rangle_t \right\} \tag{6.54}$$

となり，式 (6.54) の断熱近似 $dq(t)/dt = 0$ から

$$q(t) = \epsilon \left\langle Q^*_{\alpha,\alpha,T} \right\rangle_t \tag{6.55}$$

となる．更に断熱近似 $dq(t)/dt = 0$ を適用することで

$$\frac{d}{dt} \left\langle Q^*_{\alpha,\alpha,T} \right\rangle_t = 0 \tag{6.56}$$

となる．式 (6.56) の物理的な意味は，平均系内客数が時刻に依存しないことを示していて，平均系内客数 $\left\langle Q^*_{\alpha,\alpha,T} \right\rangle_t$ を算出する対象である現象は定常状態にあることを示している．この結果は，くりこみ群方程式からの結果 (6.45) と同じ状況を意味している．

6.3.2 非断熱効果の摂動展開と準静的アプローチの理解

くりこみ群方程式 (6.43) と断熱近似は，どちらも通信システムの動作速度がユーザの動作速度に比べて極めて速い高速極限の状況を表していることに対応し，両者からは実質的に同じ結果が導かれた．しかし，図 6.3 で示したように，準静的アプローチの本来の目的は，高速ではあるが有限な動作速度を持つ通信

6. くりこみ変換と階層構造

システムを対象としている．そのため，断熱効果からのずれである非断熱効果を適切に考慮する必要がある．

ユーザの動作速度を表すパラメータ δ を導入し，ゆっくり変化する変数 $\langle Q^*_{\alpha,\alpha,T}\rangle_t$ と，速く変化する変数 $q(t)$ に関して次のような時間発展方程式を考える．

$$\left.\begin{aligned}\frac{d}{dt}\langle Q^*_{\alpha,\alpha,T}\rangle_t &= \delta\, G\left(\langle Q^*_{\alpha,\alpha,T}\rangle_t, q\right) \\ \frac{d}{dt} q(t) &= -\gamma\, q(t) + \gamma\epsilon \langle Q^*_{\alpha,\alpha,T}\rangle_t\end{aligned}\right\} \quad (6.57)$$

ここで，$G(\cdot,\cdot)$ は未知の関数である．人間が認知したり反応したりできる時間スケール T はシステムの動作時間スケールに比べて極めて長いから，小さなパラメータ ν を

$$\nu := \frac{\delta}{\gamma} = \frac{1}{T} \ll 1$$

のように定義する．これは，ユーザの動作速度のシステムの動作速度に対する比である．次に，システムの時定数を時間の基準として $1/\gamma = 1$ とする．この操作は $t \to (t/\gamma)$ の置き換えによって時間の単位を変更するもので

$$\left.\begin{aligned}\frac{d}{dt}\langle Q^*_{\alpha,\alpha,T}\rangle_t &= \nu\, G\left(\langle Q^*_{\alpha,\alpha,T}\rangle_t, q\right) \\ \frac{d}{dt} q(t) &= -q(t) + \epsilon \langle Q^*_{\alpha,\alpha,T}\rangle_t\end{aligned}\right\} \quad (6.58)$$

を得る．式 (6.58) から $t \to \infty$ での漸近的なダイナミクスを，断熱近似と非断熱効果を含んだ形で調べるために，小さなパラメータ ν を用いて断熱近似の周りの非断熱効果を摂動展開する．

最初に，最低次の摂動展開（断熱近似そのもの）を考える．式 (6.55) のゆっくり動くパラメータを

$$\langle Q^*\rangle_t := \langle Q^*_{\alpha,\alpha,T}\rangle_t \quad (6.59)$$

と略記すると，断熱近似は以下のように表せる．

6.3 ダイナミクスの縮約と準静的アプローチ

$$\left.\begin{array}{l} q_{\text{ad}}(t) = \epsilon \langle Q^* \rangle_t \\ \dfrac{d}{dt} \langle Q^* \rangle_t = \nu\, G(\langle Q^* \rangle_t, q_{\text{ad}}(t)) \end{array}\right\} \qquad (6.60)$$

断熱近似の周りの非断熱効果を摂動展開で高次補正するために，以下のアプローチをとる．

- $(d \langle Q^* \rangle_t / dt)$ は小さな量 $O(\nu)$ であるから，摂動展開が可能である．
- $q(t)$ は $q_{\text{ad}}(t)$ への復元力があり，$q(t)$ を $q_{\text{ad}}(t)$ の周りで摂動展開することが可能である．
- $q(t)$ は陽に時刻 t に依存せず，$\langle Q^* \rangle_t$ を通してのみ時刻に依存する．

これらの道具立てに基づき，以下のような摂動展開を考える．

$$\left.\begin{array}{l} q(t) = q_0(t) + \nu q_1(t) + \nu^2 q_2(t) + \nu^3 q_3(t) + \cdots \\ \dfrac{d}{dt} \langle Q^* \rangle_t = v_0(t) + \nu v_1(t) + \nu^2 v_2(t) + \nu^3 v_3(t) + \cdots \end{array}\right\} \qquad (6.61)$$

式 (6.60) の断熱近似から

$$q_0(t) = q_{\text{ad}}(t), \quad v_0(t) = 0 \qquad (6.62)$$

である．$q(t)$ の展開を使って，$(d \langle Q^* \rangle_t / dt)$ に影響を与える非摂動効果の高次補正は

$$\begin{aligned} \dfrac{d}{dt} \langle Q^* \rangle_t &= \nu\, G\left(\langle Q^* \rangle_t, q_0(t) + \nu q_1(t) + O(\nu^2)\right) \\ &= \nu\, G(\langle Q^* \rangle_t, \epsilon \langle Q^* \rangle_t) \\ &\quad + \nu^2 \left(\dfrac{\partial G(\langle Q^* \rangle_t, q)}{\partial q}\right)_{q=q_0} q_1(t) + O(\nu^3) \end{aligned} \qquad (6.63)$$

と書ける．それゆえ，以下の関係を得る．

$$v_1(t) = G(\langle Q^* \rangle_t, \epsilon \langle Q^* \rangle_t) \qquad (6.64)$$

$$v_2(t) = \left(\dfrac{\partial G(\langle Q^* \rangle_t, q)}{\partial q}\right)_{q=q_0} q_1(t) \qquad (6.65)$$

次に，$q(t)$ に対する非断熱効果の高次補正を考える．$q(t)$ の時間依存性は $\langle Q^*\rangle_t$ を通してのみ行われるので，$\widetilde{q}(\langle Q^*\rangle_t) := q(t)$ と表記する．式 (6.54) から

$$\frac{d\langle Q^*\rangle_t}{dt}\frac{d\widetilde{q}(\langle Q^*\rangle_t)}{d\langle Q^*\rangle_t} = -q(t) + \epsilon\langle Q^*\rangle_t \tag{6.66}$$

を得る．

これに摂動展開を施すことで

$$(\nu v_1(t) + O(\nu^2))\frac{d}{d\langle Q^*\rangle_t}(\widetilde{q}_0(\langle Q^*\rangle_t) + O(\nu))$$
$$= -(q_0(t) + \nu q_1(t) + O(\nu^2)) + \epsilon\langle Q^*\rangle_t \tag{6.67}$$

を得る．ここから $O(\nu)$ のものを抜き出すと

$$v_1(t)\frac{d\widetilde{q}_0(\langle Q^*\rangle_t)}{d\langle Q^*\rangle_t} = -q_1(t) \tag{6.68}$$

を得る．これに式 (6.60), (6.62) 及び式 (6.64) を使うと

$$q_1(t) = -G(\langle Q^*\rangle_t, \epsilon\langle Q^*\rangle_t)\frac{d\widetilde{q}_0(\langle Q^*\rangle_t)}{d\langle Q^*\rangle_t}$$
$$= -\epsilon\, G(\langle Q^*\rangle_t, \epsilon\langle Q^*\rangle_t) \tag{6.69}$$

を得る．

以上の結果をまとめると式 (6.70) のようになる．

$$\left.\begin{aligned}\frac{d}{dt}\langle Q^*\rangle_t &= \nu\, G(\langle Q^*\rangle_t, \epsilon\langle Q^*\rangle_t) \\ &\quad + \nu^2\left(\frac{\partial G(\langle Q^*\rangle_t, q)}{\partial q}\right)_{q=q_0} q_1(t) + O(\nu^3) \\ q(t) &= \epsilon\langle Q^*\rangle_t - \nu\epsilon\, G(\langle Q^*\rangle_t, \epsilon\langle Q^*\rangle_t) + O(\nu^2)\end{aligned}\right\} \tag{6.70}$$

式 (6.70) から，$(dq(t)/dt)$ の展開に ν^0 の項が現れないことに注意する．このことは，$\langle Q^*\rangle_t$ の時間変化が $T^0 = 1$ の時間スケールでは観測されず，T^1 の時間スケールで変化が現れることに対応している．この結果は，準静的アプ

ローチにおける性質,即ち,システムは T より小さな時間スケールでは変化せずに定常状態にあり,状態変化は定常状態を保ったまま非常にゆっくりと行われる性質に対応付けることができる.

式 (6.5) で示した準静的アプローチの取扱いでは,時間軸を長さ T の区間に分けて,区間ごとに入力トラヒックレートを考えたが,その方法は k 番目の区間の入力トラヒックレート λ_k を

$$\lambda_k := \Lambda_\alpha(kT, T) \qquad (k = 1, 2, \cdots) \tag{6.71}$$

のようにとることに対応している.

6.4 再試行を含む入力トラヒック量の時間発展方程式

ここでは,図 6.1 のモデルに関して再試行を含む入力トラヒック量の時間発展方程式を考察する.図 6.4 や式 (6.71) で現れた時間軸を T の長さに区切って扱う方法は,分析に際しての取扱いは容易であるが,全てのユーザの振舞いが,区切られた時間区間で同期して変化するのは不自然である.ここでは個々のユーザが同期せずに行動するモデルを考察する[47].

6.4.1 具体的な時間発展方程式

平均系内客数の定義方法の式 (6.28) と式 (6.29) についてであるが,各ユーザが再試行するまでの時間が平均 T の指数分布に従うときに式 (6.29) となることを考えると,長さ T の固定長の区間が陽に現れる式 (6.28) に比べて式 (6.29) による平均系内客数のほうがより自然な定義であると考えられる.しかし,これから考察する時間発展方程式は,どちらの平均を用いても同じ結果となる.

はじめに分析対象の平均入力レートについて考察する.現実の観測では,ある瞬間の入力レートを観測することはできないので,ある期間の到着客数の観測値から平均入力レートを算出することになる.システムは T の時間スケールでゆっくり変動しているので,平均入力レートを算出する時間区間としては T をとる

6. くりこみ変換と階層構造

のが適当である.そのため,時刻 t の直前の長さ T の時間区間 $[t-T, t^-]$ に実際に到着する客数を $X(t,T)$ としたとき,実際の平均入力レートは $X(t,T)/T$ で与えられる.このことは,平均系内客数の定義として式 (6.28) と式 (6.29) のどちらを採用するかとは無関係である.平均系内客数の定義は再試行の起こり方に関するもので,ここでの議論は実際の入力トラヒックレートの観測の仕方に関するものである.

システムの動作速度の高速極限を考えると $T \to \infty$ に相当し,観測値から算出した入力レートが真の入力レートと一致する.即ち

$$\frac{X(t,T)}{T} = \Lambda_\alpha(t;T) \qquad \text{a.s.}$$

である.しかし分析対象である有限の T に関しては一般に $X(t,T)/T \neq \Lambda_\alpha(t;T)$ である.これは図 6.3 において,システム動作速度の高速極限と有限な速度との違いの関係に相当し,時間発展を分析すべき対象は高速極限の $\Lambda_\alpha(t;T)$ ではなく,ゆらぎを伴った $X(t,T)/T$ である.

次に,M/M/1 待ち行列モデルの性質とシステムの高速性を利用することによって,式 (6.70) に現れる未知の関数 $G(\cdot,\cdot)$ を具体的に決めていく.$X(t,T)$ の無限小変化は式 (6.72) のように書くことができる.

$$\begin{aligned} dX(t,T) &:= X(t+dt, T) - X(t,T) \\ &= X(t+dt, dt) - X(t-T+dt, dt) \end{aligned} \qquad (6.72)$$

図 **6.11** は $X(t,T)$ の無限小変化を図示したもので,長さ T の区間での到着客数の変化は,区間の両端の部分によって決まっている.

入力トラヒックは,再試行トラヒックの発生時点も十分にランダム化されたとして**ポアソン過程** (Poisson process) を前提としている.また,システムの大規模性・高速性を反映して入力トラヒックレート λ_0 が十分大きいとして,**ポアソン分布** (Poisson distribution) を正規分布で近似する.ポアソン分布は平均と分散が等しいので,正規分布近似の際にも平均と分散が等しい正規分布での近似を行う.これらの前提で,到着客数をウィーナー過程で表すと

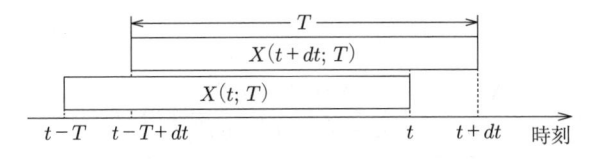

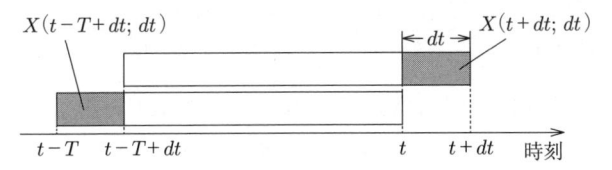

6.4 再試行を含む入力トラヒック量の時間発展方程式

図 6.11 $X(t,T)$ の無限小変化

$$X(t+dt, dt) = \Lambda_\alpha(t,T)\,dt + \sqrt{\Lambda_\alpha(t,T)}\,dW(t)$$
$$= \left(\lambda_0 + \frac{\epsilon X(t,T)/(\mu T)}{1 - X(t,T)/(\mu T)}\right) dt$$
$$+ \sqrt{\lambda_0 + \frac{\epsilon X(t,T)/(\mu T)}{1 - X(t,T)/(\mu T)}}\,dW(t) \tag{6.73}$$

$$X(t-T+dt, dt) = \frac{X(t,T)}{T}\,dt + \sqrt{\frac{X(t,T)}{T}}\,dW(t) \tag{6.74}$$

と表すことができる.したがって,$X(t;T)$ の無限小変化は

$$dX(t,T) = \left(\lambda_0 - \frac{X(t,T)}{T} + \frac{\epsilon X(t,T)/(\mu T)}{1 - X(t,T)/(\mu T)}\right) dt$$
$$+ \sqrt{\lambda_0 + \frac{X(t,T)}{T} + \frac{\epsilon X(t,T)/(\mu T)}{1 - X(t,T)/(\mu T)}}\,dW(t) \tag{6.75}$$

で記述できる.式 (6.75) をランジュバン方程式の記法で書くと

$$\frac{dX(t,T)}{dt} = \left(\lambda_0 - \frac{X(t,T)}{T} + \frac{\epsilon X(t,T)/(\mu T)}{1 - X(t,T)/(\mu T)}\right)$$
$$+ \sqrt{\lambda_0 + \frac{X(t,T)}{T} + \frac{\epsilon X(t,T)/(\mu T)}{1 - X(t,T)/(\mu T)}}\,\eta(t) \tag{6.76}$$

となる.ここで,$\eta(t)$ は**ガウス白色雑音**で,$\eta(t)$ は標準正規分布に従い,$E[\eta(t)] = 0$ 及び $E[\eta(t)\,\eta(s)] = \delta(t-s)$ を満たす.式 (6.76) は式 (6.6) に対応するもので,式 (6.26) の形式で**フォッカー・プランク方程式**に変換すると

$$\frac{\partial}{\partial t} p_T(x,t)$$
$$= \frac{\partial}{\partial x}\left(\lambda_0 - \frac{X(t,T)}{T} + \frac{\epsilon X(t,T)/(\mu T)}{1 - X(t,T)/(\mu T)}\right) p_T(x,t)$$
$$+ \frac{\partial^2}{\partial x^2} \sqrt{\lambda_0 + \frac{X(t,T)}{T} + \frac{\epsilon X(t,T)/(\mu T)}{1 - X(t,T)/(\mu T)}}\, p_T(x,t) \qquad (6.77)$$

となる.ここで,$p_T(x,t)$ は $X(t,T)$ の確率密度関数である.また,式 (6.22) の形式でフォッカー・プランク方程式に変換すると

$$\frac{\partial q_T(y,t)}{\partial t} = -\frac{\partial}{\partial y}[G(y)\, q_T(y,t)] + \frac{1}{2}\frac{\partial^2}{\partial y^2} q_T(y,t) \qquad (6.78)$$

となる.ただし

$$y = \int^x \frac{1}{f_2(y)}\, dy$$
$$G(y) = \left(\frac{f_1(x)}{f_2(x)} - \frac{1}{2}\frac{df_2(x)}{dx}\right)$$
$$f_1(x) = \lambda_0 + \epsilon\frac{x/(\mu T)}{1 - x/(\mu T)} - \frac{x}{T}$$
$$f_2(x) = \sqrt{\lambda_0 + \epsilon\frac{x/(\mu T)}{1 - x/(\mu T)} + \frac{x}{T}}$$

である.ここで,$q_T(y,t)$ は $Y(t,T) := \int^{X(t,T)} \frac{1}{f_2(y)}\, dy$ の確率密度関数である.

6.4.2 評 価 例

ここでは,式 (6.77) の妥当性を確認するため,現時点の系内客数の影響が平均 T の指数分布に従う時間後に再試行として入力するモデルをシミュレーションで再現し,式 (6.77) で計算される確率密度関数の時間発展と比較する[47].

図 6.1 のモデルにおいて,再試行を含まない入力トラヒックレートを $\lambda_0 = 800$,サービスレートを $\mu = 1\,000$,再試行トラヒックの発生レートを決める平均系内客数の係数を $\epsilon = 0.5$,ユーザの行動の時間スケールを $T = 1.0$ とした.ま

6.4 再試行を含む入力トラヒック量の時間発展方程式

た，再試行トラヒックの発生は，ある時点の系内の客がそれぞれ ϵ のレートで平均 T の指数時間分布に従う時間後に再試行として入力するモデルであるとし，その場合の平均系内客数は式 (6.29) に対応する．この方法による再試行は，時間軸を一定時間 T で区切ることがなく，ユーザの行動として最も自然なモデルである．ただし，式 (6.28) に対応する方法であっても，実際には結果が変わらないことに注意する．

図 6.12 に実験条件によって定まるポテンシャル関数を示す．これは，フォッカー・プランク方程式 (6.77) の右辺第 1 項（ゆらぎを表す右辺第 2 項からもドリフトの効果が現れるので厳密には右辺第 1 項のみがドリフト項ではないが，ここではドリフト項と呼ぶ）に現れる関数

$$f_1(X) = \lambda_0 - \frac{X(t,T)}{T} + \frac{\epsilon X(t,T)/(\mu T)}{1 - X(t,T)/(\mu T)}$$

から，ドリフト項の効果を視覚的に表現するポテンシャル関数

$$U(X) = -\int^X f_1(u)\,du$$

を表示したものである．ここで，ポテンシャル関数の形状を図 6.5 (b) と対応させてみる．図 6.12 において $X(t;T) = 800$ 付近にあるポテンシャル関数の極小点は，図 6.5 (b) における左側の交点に対応している．この値の周辺では極小点に向かうようなドリフトの効果が生じ，安定点である．図 6.12 の右端にあるポテンシャル関数の崖は，図 6.5 (b) における右側の交点に対応している．こ

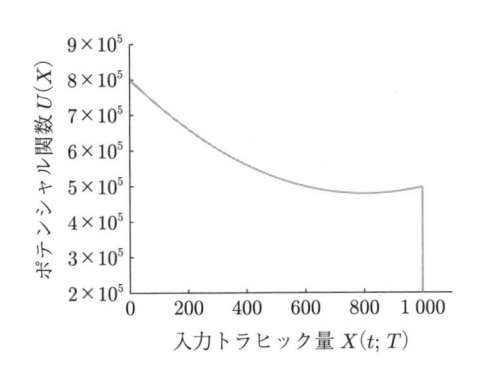

図 6.12 実験条件によって定まるポテンシャル関数 (1)

6. くりこみ変換と階層構造

の点より右では，発散する方向にドリフトの効果が生じるのである．図 6.12 では，ノイズ項に重みがあるため，ポテンシャルの形状だけでは状態の動きやすさや動きにくさを十分に表現できていないことに注意が必要であるが，システムの大まかな性質は理解可能である．

図 **6.13** と 図 **6.14** は，初期時刻 $t=0$ においてポテンシャル関数の極小点に初期分布 $p(x,0)$ としてデルタ関数をおいた場合のその後の時間発展の評価結果を示していて，それぞれ $t=1$ と $t=50$ における $X(t,T)$ の分布関数（累積分布）を評価したものである．線はフォッカー・プランク方程式 (6.77) による評価結果で，プロットはシミュレーションの結果である．両者の結果は一致しており，時間発展の評価としては時間が経過しても安定点の周囲に留まっていることが分かる．

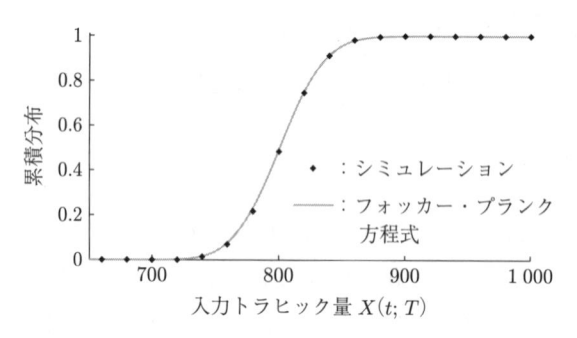

図 **6.13** 極小点を初期条件とした場合の $t=1$ における $X(t,T)$ の分布関数

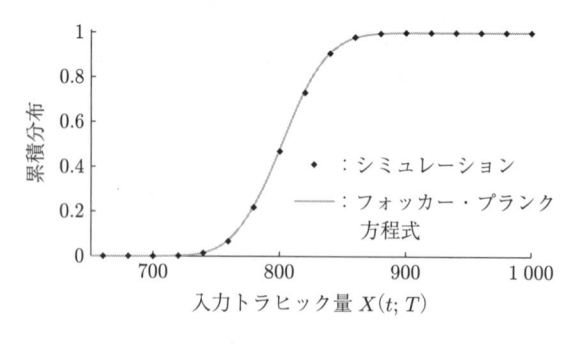

図 **6.14** 極小点を初期条件とした場合の $t=50$ における $X(t,T)$ の分布関数

次に，初期条件がポテンシャル関数の極小点ではない場合の分布の時間発展を比較評価する．上記実験と同じモデルにおいて，パラメータを $\lambda_0 = 500$,

6.4 再試行を含む入力トラヒック量の時間発展方程式

$\mu = 1\,000$, $\epsilon = 1.0$, $T = 1.0$ と設定した．図 **6.15** に実験条件によって定まるポテンシャル関数を示す．ポテンシャル関数の極小点は $X(t;T) = 500$ 付近にある．

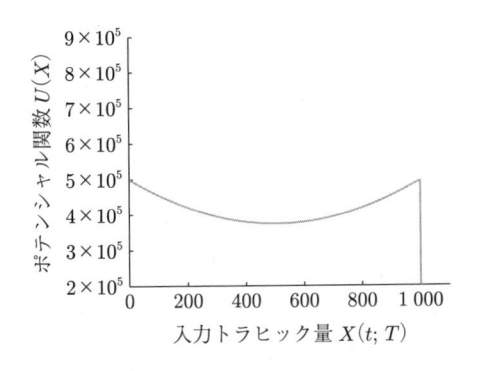

図 **6.15** 実験条件によって定まるポテンシャル関数 (2)

初期分布 $p(x,0)$ として極小点からずれた $X = 600$ にデルタ関数をおいた．図 **6.16** と 図 **6.17** は，それぞれ $t = 1$ と $t = 5$ における $X(t,T)$ の分布関数（累積分布）を評価したものである．この場合もフォッカー・プランク方程

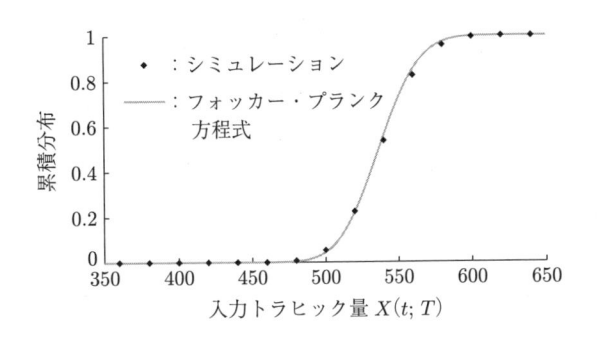

図 **6.16** 極小点から離れた初期条件に対する $t = 1$ における $X(t,T)$ の分布関数

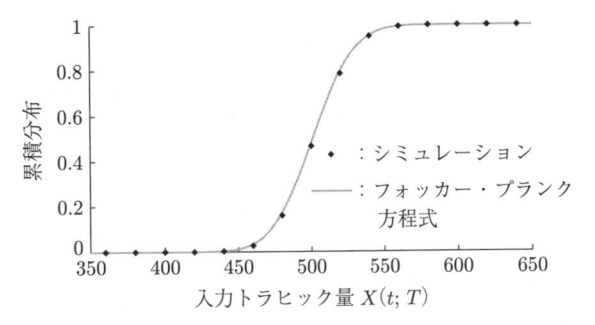

図 **6.17** 極小点から離れた初期条件に対する $t = 5$ における $X(t,T)$ の分布関数

式 (6.77) による評価結果はシミュレーションの結果とよく一致している．時間発展の評価としては，分布が全体的に安定点に向かって緩和しながら，安定点の周りで分布するようになるダイナミクスを表している．

章 末 問 題

【1】 ランジュバン方程式 (6.6) において，$f_1(X) = 0$, $f_2(X) = \sqrt{X}$ としたとき，ノイズ項が X に依存しないランジュバン方程式を導け．また，対応するフォッカー・プランク方程式を導け．

【2】 6.4.1 項で示した時間発展方程式は，図 6.12 や 図 6.15 のポテンシャル関数の極小点周辺で有効だが，右側のポテンシャル関数の崖の周辺では成り立たない．この理由を考察せよ．

第7章 まとめ

7.1 全体のまとめ

　本書では，情報ネットワークに関連した設計・制御や性能評価の枠組みについて，時間的及び空間的スケールで階層化して考察する立場から，必要とされる考え方や具体例を解説してきた．このような階層化の枠組みでは，注目するスケールにおいて収集できる情報や実現可能な制御動作は時間的及び空間的に限定されたものであり，必然的に自律分散的な動作となる．一方で，その自律分散的な動作が適切に機能するためには，上位階層，つまり，より大きなスケールでのシステムの振舞いに及ぼす影響を理解する必要がある．このような枠組みを検討するために，「局所性」と「くりこみ変換」の二つのキーワードを縦糸としていくつかの情報ネットワーク技術を具体例として扱ってきた．

　個々の具体例の中では，システムの状態情報として局所的なものだけを考慮したり，粗視化によって一部の情報のみを考慮するなどの操作が現れるため，「本書が目指している方向は不完全な状態情報に基づく一種の「近似方法」であって，より詳細なシステムモデルに基づくことができれば，より完全に近い制御や性能評価が可能なのではないか」という疑問を持つ読者がいるかもしれない．しかし，システムの特性を必要以上に詳細に記述したとしても，その分だけ真理に近づけるということはいえない．これについて，改めて確認しておこう．

　情報ネットワーク分野の伝統的な基礎理論としては，待ち行列理論に代表される確率モデルやグラフ理論に代表される組合せ最適化のモデルなどがあり，

7. まとめ

それらはこれまで情報ネットワークの設備設計や制御，管理技術などに大いに利用され，目覚ましい成果を挙げてきた．ところが，情報ネットワークの発展が社会的な存在感を増すにつれて，情報ネットワークが社会に影響を及ぼすだけでなく，逆に社会活動が情報ネットワークのあり方に影響を与え始めている．例えば，情報ネットワークの利便性を追求した新たな利用法やアプリケーションが次々と出現し，情報ネットワークに対するユーザの利用形態や要求条件が多様化・複雑化してきている．また情報ネットワークと社会活動との結び付きが密接化することにより，例えば年始の「おめでとうメール」のように情報ネットワークの存在がユーザの動きを煽る方向で作用し，最終的に情報ネットワークが想定外の過負荷状態に陥るなど，社会活動との間に非常に強い相互作用を持った極めて複雑な動的システムへと変貌してきている．

このような動的で複雑な環境では，入力トラヒックを記述する確率モデルを作ったり，実際の入力トラヒックがどのような確率モデルに従っているのかを推定する作業が極めて困難になると思われる．推定する作業には時間が必要で，その間，推定対象の入力トラヒックが定常であると見なせるかどうかも分からない．またネットワーク内の状態情報を収集する作業も，情報収集が完了したときには既に実際の状態は変化しているかもしれない．こういった状況では，待ち行列モデルの定常状態の解析や，ネットワーク内の状態情報を取得できることを前提とした最適化アルゴリズムなどは，それらの活躍できる場面が限定されるかもしれない．そもそも，情報ネットワークは大規模で複雑なシステムであり，システムの詳細を厳密にモデル化するのは原理的に難しいのではないか．

このような考え方に基づいて，ネットワークの設計・制御で具体的に可能な動作を考えると，特定の時間的及び空間的スケールで考えられる状態情報や制御動作を考察するしかなく，その許された枠組みで何ができるか考えなければならないはずである．このような意味で，本書で目指した時間的及び空間的スケールによる階層化は，大規模複雑システムとしての情報ネットワークの設計・制御を考えるための基本的なスタンスを与えると信じている．

7.2 更なる勉強のための情報

　時間的及び空間的スケールによる階層構造を考えるとき，ミクロとマクロのスケールを結び付ける数学的な道具が必要になる．本書では，偏微分方程式，くりこみ変換 (粗視化とスケール変換の組合せ)，カオスの構造安定性の利用，といった方法を用いてミクロとマクロの挙動を結び付けてきた．本書では扱っていないが，ミクロとマクロを結び付けるその他の枠組みとして統計力学が挙げられる．これは，膨大な自由度を持つシステムのマクロな振舞いを，その構成要素のミクロな性質から説明しようという枠組みである．情報ネットワーク技術に関連した自律分散制御の方法の一つとして，ミクロな構成要素の動作規則が与えられたときに全体としてどのような統計的性質を持つかを理解することで，構成要素の動作規則を自律分散制御として適切に決定しようという試みがある[48]．そのほかにも，ミクロとマクロを結び付ける理論的枠組みは，情報ネットワークの自律分散制御に適用可能である可能性があるので，いろいろな可能性を検討することは興味深い．

　本書では，自然界の基本的な原理として近接作用とくりこみ可能性に注目し，情報ネットワーク技術の基礎として位置付けた検討を行った．このほかにも，様々な自然のしくみを情報ネットワーク技術に応用する研究も活発である．生物学の知見を情報ネットワーク技術に応用する例では，本シリーズ第 1 巻[49]の若宮直紀氏らの解説や，本シリーズ第 5 巻[34]を参照されたい．特に生物学的な現象ではゆらぎが重要な役割を担っており，本書で扱ったランジュバン方程式と同様な数学モデルも現れる．

　また，自然界には部分と全体が同じ構造となるような自己相似性が頻繁に現れる．自己相似性はフラクタルと呼ばれる図形が有名であるが，そのほかにも，貝殻の曲線などの等角螺旋構造やフィボナッチ数列などのキーワードでも興味深い例を探すことができる．自己相似の構造を持った情報ネットワーク構造の特徴やそのトポロジーの生成法についても研究がなされており，本シリーズ第

1巻[49]）の林 幸雄氏の解説も参照されたい．本書で扱うような空間的なスケール変換に対して不変性を持つという意味からも，自己相似的な構造は興味深い．

　カオスは本書の方法以外でも様々な形で情報ネットワーク技術に応用されており，本シリーズ第1巻[49]）の長谷川幹雄氏らの解説や本シリーズ第4巻[50]）を参照されたい．また，カオスにも自己相似性の構造が現れる．

　本書ではユーザの認知や行動の時間分解能の粗さを記述するためにくりこみ変換を適用したが，心理学的なアプローチも可能で，本シリーズ第1巻[49]）の新井田統氏の解説には心理学的なモデルと情報ネットワーク工学を結び付ける試みが示されている．

　以上のように，情報ネットワーク科学の各分野のキーワードは相互に関連しており，各分野を包含する大きな学術基盤に成長することを期待している．

付　　録

A.1　マルコフ過程

時刻のパラメータに依存する確率変数 $X(t)$ を**確率過程**という．時刻 t において $X(t)$ の値が微小区間 $(x, x+dx]$ の中に入る確率 $P(x < X(t) \leqq x + dx)$ を

$$P(x < X(t) \leqq x + dx) = p(x,t)\,dx \tag{A.1}$$

と表すことにする．つまり $P(x < X(t) \leqq x + dx)$ は微小区間の区間長 dx に比例し，その比例係数が $p(x,t)$ である．この $p(x,t)$ を $X(t)$ の**確率密度関数**という．

いくつかの時刻 $t_1 < t_2 < \cdots < t_k$ において

$$x_1 < X(t_1) \leqq x_1 + dx_1$$
$$x_2 < X(t_2) \leqq x_2 + dx_2$$
$$\vdots$$
$$x_k < X(t_k) \leqq x_k + dx_k$$

となる同時確率を $p_k(x_1, t_1; \cdots ; x_k, t_k)\,dx_1 \cdots dx_k$ と表す．このとき k 次元の体積要素 $dx_1 \cdots dx_k$ に対する比例係数 $p_k(x_1, t_1; \cdots ; x_k, t_k)$ を**同時確率密度関数**という．$p_k(x_1, t_1; \cdots ; x_k, t_k)$ の規格化条件は，全ての時刻における可能性について積分したときに

$$\int_{-\infty}^{\infty} \cdots \int_{-\infty}^{\infty} p_k(x_1, t_1; \cdots ; x_k, t_k)\,dx_1 \cdots dx_k = 1 \tag{A.2}$$

となることである．また定義より，ある時刻 t_k における全ての可能性について積分すると，他の時刻 $t_1, t_2, \cdots, t_{k-1}$ における確率密度関数を与えるから

$$p_{k-1}(x_1, t_1; \cdots ; x_{k-1}, t_{k-1}) = \int_{-\infty}^{\infty} p_k(x_1, t_1; \cdots ; x_k, t_k)\,dx_k \tag{A.3}$$

が成り立つ．

遷移確率密度を条件付き確率密度関数として式 (A.4) のように定義する．

$$T(x_k,t_k\,|\,x_1,t_1;\cdots;x_{k-1},t_{k-1}) = \frac{p_k(x_1,t_1;\cdots;x_k,t_k)}{p_{k-1}(x_1,t_1;\cdots;x_{k-1},t_{k-1})} \qquad (A.4)$$

式 (A.4) は,時刻 $t_1, t_2, \cdots, t_{k-1}$ の状態がそれぞれ $x_1, x_2, \cdots, x_{k-1}$ という値で与えられているとき,時刻 t_k において $x_k < X(t_k) \leq x_k + dx_k$ となる確率密度関数を表す.確率過程が**マルコフ過程** (Markov process) であるとは,遷移確率密度 (条件付き確率密度関数) が

$$T(x_k,t_k\,|\,x_1,t_1;\cdots;x_{k-1},t_{k-1}) = T(x_k,t_k\,|\,x_{k-1},t_{k-1}) \qquad (A.5)$$

と表せるものをいう.つまり,時刻 t_k における確率密度関数はすぐ前の時刻 t_{k-1} における状態 x_{k-1} によって完全に決まっており,それ以前の状態 $x_1, x_2, \cdots, x_{k-2}$ には依存しないことを意味する.マルコフ過程の場合

$$\begin{aligned}
&p_k(x_1,t_1;\cdots;x_k,t_k) \\
&= T(x_k,t_k\,|\,x_{k-1},t_{k-1})\,p_{k-1}(x_1,t_1;\cdots;x_{k-1},t_{k-1}) \\
&= T(x_k,t_k\,|\,x_{k-1},t_{k-1})\,T(x_{k-1},t_{k-1}\,|\,x_{k-2},t_{k-2}) \\
&\quad \times p_{k-2}(x_1,t_1;\cdots;x_{k-2},t_{k-2}) \\
&\quad \vdots \\
&= T(x_k,t_k\,|\,x_{k-1},t_{k-1}) \times \cdots \times T(x_2,t_2\,|\,x_1,t_1)\,p_1(x_1,t_1) \qquad (A.6)
\end{aligned}$$

となる.式 (A.6) は,同時確率密度関数 $p_k(x_1,t_1;\cdots;x_k,t_k)$ が初期分布 $p_1(x_1,t_1)$ と遷移確率密度 $T(x_i,t_i\,|\,x_{i-1},t_{i-1})\ (2 \leq i \leq k)$ によって完全に決まることを意味している.

今,特に三つの時刻 $t_1 < t_2 < t_3$ を考えると

$$p_2(x_1,t_1;x_3,t_3) = \int_{-\infty}^{\infty} p_3(x_1,t_1;x_2,t_2;x_3,t_3)\,dx_2 \qquad (A.7)$$

に対して

$$p_3(x_1,t_1;x_2,t_2;x_3,t_3) = T(x_3,t_3\,|\,x_2,t_2)\,T(x_2,t_2\,|\,x_1,t_1)\,p_1(x_1,t_1)$$
$$p_2(x_1,t_1;x_3,t_3) = T(x_3,t_3\,|\,x_1,t_1)\,p_1(x_1,t_1)$$

を代入することで,式 (A.8) の関係を得る.

$$T(x_3,t_3\,|\,x_1,t_1) = \int_{-\infty}^{\infty} T(x_3,t_3\,|\,x_2,t_2)\,T(x_2,t_2\,|\,x_1,t_1)dx_2 \qquad (A.8)$$

つまり遷移確率密度は,中間状態を足し上げることによって得られることを意味している.式 (A.8) を**チャップマン・コルモゴロフ方程式** (Chapman-Kolmogorov equation) と呼ぶ. もし $X(t)$ のとりうる値が離散的な n 個の値に限定されていた場合, 全ての状態間の遷移確率密度 $T(x_3, t_3 \,|\, x_1, t_1)$ は $n \times n$ の正方行列として表現でき, その場合の式 (A.8) は行列の掛け算

$$T(x_3, t_3 \,|\, x_1, t_1) = \sum_{x_2} T(x_3, t_3 \,|\, x_2, t_2) \, T(x_2, t_2 \,|\, x_1, t_1) \tag{A.9}$$

に対応する.

A.2 マスター方程式

遷移確率密度による短い時間 Δt での遷移を考える. 同時刻の状態に対して遷移確率密度は

$$T(x + r, t \,|\, x, t) = \delta(r) \tag{A.10}$$

である. 1.3.2 項（1）と同様に, 時刻 t における位置 x から $x + r$ への単位時間当りの遷移率 $w(x, r, t)$ を導入すると

$$T(x+r, t + \Delta t \,|\, x, t) = \delta(r) \left(1 - \Delta t \int_{-\infty}^{\infty} w(x, s, t) \, ds \right) + \Delta t \, w(x, r, t) \tag{A.11}$$

となる. 式 (A.11) は, 遷移元 x から他の点への遷移 $(r \neq 0)$ に対して

$$T(x + r, t + \Delta t \,|\, x, t) = \Delta t \, w(x, r, t) \qquad (r \neq 0)$$

となっており, 式 (A.11) を遷移先の位置に関して積分すると

$$\int_{-\infty}^{\infty} T(x + r, t + \Delta t \,|\, x, t) \, dr$$
$$= 1 - \Delta t \int_{-\infty}^{\infty} w(x, s, t) \, ds + \Delta t \int_{-\infty}^{\infty} w(x, r, t) \, dr = 1$$

のように, 確率を保存していることが分かる.

チャップマン・コルモゴロフ方程式 (A.8) において, $\Delta t = t_3 - t_2$ とすると

$$T(x_3, t_2 + \Delta t \,|\, x_1, t_1)$$
$$= \int_{-\infty}^{\infty} T(x_3, t_2 + \Delta t \,|\, x_2, t_2)\, T(x_2, t_2 \,|\, x_1, t_1)\, dx_2$$
$$= \int_{-\infty}^{\infty} \left[\delta(x_3 - x_2) \left(1 - \Delta t \int_{-\infty}^{\infty} w(x_2, s, t_2)\, ds \right) + \Delta t\, w(x_2, x_3 - x_2, t) \right]$$
$$\times T(x_2, t_2 \,|\, x_1, t_1)\, dx_2$$
$$= \left(1 - \Delta t \int_{-\infty}^{\infty} w(x_3, s, t_2)\, ds \right) T(x_3, t_2 \,|\, x_1, t_1)$$
$$+ \Delta t \int_{-\infty}^{\infty} w(x_2, x_3 - x_2, t_2)\, T(x_2, t_2 \,|\, x_1, t_1)\, dx_2$$

となる．ここで，$x_3 \to x$, $x_2 \to x - r$, $t_2 \to t$ と置き換えを行うと，$dx_2 = -dr$ であり，$x_2 = -\infty$ のとき $r = \infty$, $x_2 = \infty$ のとき $r = -\infty$ であることから

$$T(x, t + \Delta t \,|\, x_1, t_1)$$
$$= \left(1 - \Delta t \int_{-\infty}^{\infty} w(x, s, t)\, ds \right) T(x, t \,|\, x_1, t_1)$$
$$- \Delta t \int_{+\infty}^{-\infty} w(x - r, r, t)\, T(x - r, t \,|\, x_1, t_1)\, dr$$
$$= \left(1 - \Delta t \int_{-\infty}^{\infty} w(x, s, t)\, ds \right) T(x, t \,|\, x_1, t_1)$$
$$+ \Delta t \int_{-\infty}^{\infty} w(x - r, r, t)\, T(x - r, t \,|\, x_1, t_1)\, dr \quad (A.12)$$

となる．ここで，$\Delta t \to 0$ の極限をとると

$$\frac{\partial}{\partial t} T(x, t \,|\, x_1, t_1) = -\int_{-\infty}^{\infty} w(x, r, t)\, T(x, t \,|\, x_1, t_1)\, dr$$
$$+ \int_{-\infty}^{\infty} w(x - r, r, t)\, T(x - r, t \,|\, x_1, t_1)\, dr \quad (A.13)$$

という関係を得る．また，時刻 $t_1 = 0$ において初期分布 $p_0(x_1) := p(x_1, 0)$ を考慮して

$$p(x, t) := \int_{-\infty}^{\infty} T(x, t \,|\, x_1, 0)\, p_0(x_1)\, dx_1 \quad (A.14)$$

とすれば，確率密度関数 $p(x, t)$ について

$$\frac{\partial}{\partial t} p(x, t) = -\int_{-\infty}^{\infty} w(x, r, t)\, p(x, t)\, dr + \int_{-\infty}^{\infty} w(x - r, r, t)\, p(x - r, t)\, dr$$
$$(A.15)$$

が成り立つ (1.3.2 項の式 (1.1) 参照). 式 (A.15) の意味は, 確率密度関数 $p(x,t)$ の時間変化が, 外部に流出する量と外部から流入する量によって決まることを意味している. 式 (A.13) 及び式 (A.15) を**マスター方程式**という.

A.3 ランジュバン方程式とフォッカー・プランク方程式

確率過程 $X(t)$ の時間発展が, 式 (A.16) に示す**ランジュバン方程式** (Langevin equation)

$$\frac{d}{dt}X(t) = F(X(t)) + \xi(t) \tag{A.16}$$

で与えられるとする. ここで, $F(\cdot)$ をある関数とし, ゆらぎを表すノイズ $\xi(t)$ が**ガウス過程**であって

$$E[\xi(t)] = 0, \quad E[\xi(t)\xi(s)] = \epsilon\delta(t-s) \tag{A.17}$$

を満たす (つまりノイズ $\xi(t)$ は**ガウス白色雑音**) とする. ここで, E は期待値の操作を表す. また, $\epsilon > 0$ は定数である. これを別の形式で書き直すと

$$dX(t) = F(X(t))\,dt + \sqrt{\epsilon}\,dW(t) \tag{A.18}$$

となる. ここで, $W(t)$ は**ウィーナー過程** (Wiener process) と呼ばれ, 以下の性質を満たす確率過程である.

- $W(0) = 0$
- $W(t)$ は確率 1 で連続.
- $0 \le s < t$ に対して $W(t) - W(s)$ の分布が平均 0, 分散 $t-s$ の正規分布に従う.

ランジュバン方程式の物理的な意味は, 確率過程 $X(t)$ の時間発展の原因を二つに分けて, 一つは X 自体の値によって決まる決定論的な要因による変動とし, もう一方はランダムなノイズによる確率的な変動として分析するものである. 式 (A.16) の右辺第 1 項が決定論的な変動を表し, 右辺第 2 項が確率的な変動を表す.

ランジュバン方程式 (A.16) のそれぞれの項の役割を理解するために, ノイズがない場合の決定論的な時間発展

$$\frac{d}{dt}X(t) = F(X(t)) \tag{A.19}$$

から考察する. これは, ある時刻 $t=0$ での初期値 $X(0)$ が与えられれば, その後の

$X(t)$ が決定論的に決まる．図 **A.1** (a) はこの様子を表したもので，初期値 $X(0)$ を決めると一つのサンプルパスを選んだことになり，その後の軌道が完全に決定することを示している．

(a) ノイズがない場合の確定的な時間発展

(b) ノイズを加えた場合の確率的な時間発展

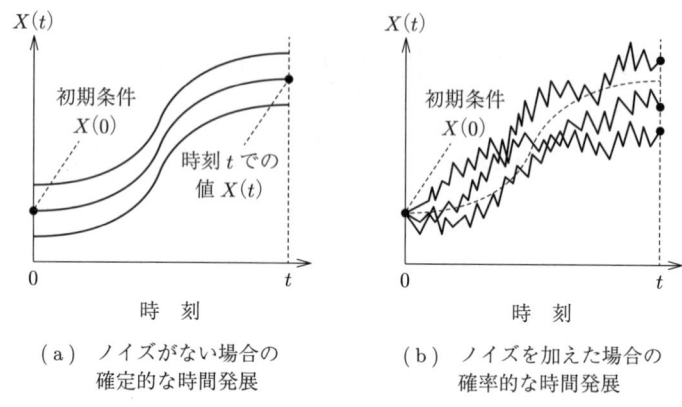

図 A.1 ノイズがない場合の確定的な時間発展とノイズを加えた場合の確率的な時間発展

この状況に式 (A.16) のようにノイズを与えて確率的な変動を加えると，図 (b) のように同じ初期値であってもその後の軌道は異なることになる．これに加え，初期値の選び方も時刻 $t=0$ での初期分布に従って確率的に選ばれるとすると，$X(t)$ の値は初期値の選び方による影響と，その後の軌道の変動といった二重の意味で確率的な影響を受けることになる．

ランジュバン方程式 (A.16) で記述される $X(t)$ の時間発展を，$X(t)$ の確率密度関数 $p(x,t)$ の時間発展方程式で表現すると，以下に示すフォッカー・プランク方程式

$$\frac{\partial}{\partial t}p(x,t) = \left[-\frac{\partial}{\partial x}F(x) + \frac{\epsilon}{2}\frac{\partial^2}{\partial x^2}\right]p(x,t) \tag{A.20}$$

となる．これが成り立つためには以下の仮定が必要である．

- ノイズ $\xi(t)$ が式 (A.17) を満たす．
- $t<s$ に対して確率過程 $X(t)$ とノイズ $\xi(s)$ は独立である．
- 無限遠点 $x \to \pm\infty$ に対して $X(t)$ の密度関数 $p(x,t)$ が以下に示す境界条件を満たす．

$$p(x,t) = 0, \quad \frac{\partial p(x,t)}{\partial x} = 0 \tag{A.21}$$

A.3 ランジュバン方程式とフォッカー・プランク方程式

ランジュバン方程式 (A.16) を $(t, t+\Delta t]$ で積分して差分化すると

$$\int_t^{t+\Delta t} \frac{d}{ds} X(s)\, ds = \int_t^{t+\Delta t} F(X(s))\, ds + \int_t^{t+\Delta t} \xi(s)\, ds \tag{A.22}$$

となる。ここで

$$\Delta X(t) := X(t+\Delta t) - X(t) = \int_t^{t+\Delta t} \frac{d}{ds} X(s)\, ds \tag{A.23}$$

$$\Delta W := \int_t^{t+\Delta t} \xi(s)\, ds \tag{A.24}$$

とし、$F(X(t))$ が時刻 t の変化に対して滑らかに変化するとすれば

$$\Delta X(t) := F(X(t))\, \Delta t + \Delta W \tag{A.25}$$

と書ける。ここで、式 (A.17) より、ΔW は式 (A.27) に示すような性質がある。

$$E[\Delta W] = 0 \tag{A.26}$$

$$\begin{aligned}
E[(\Delta W)^2] &= E\left[\int_t^{t+\Delta t} \xi(t_1)\, dt_1 \int_t^{t+\Delta t} \xi(t_2)\, dt_2 \right] \\
&= \int_t^{t+\Delta t} \int_t^{t+\Delta t} E\left[\xi(t_1)\xi(t_2)\right]\, dt_1 dt_2 \\
&= \int_t^{t+\Delta t} \int_t^{t+\Delta t} \epsilon\, \delta(t_1-t_2)\, dt_1 dt_2 \\
&= \int_t^{t+\Delta t} \epsilon\, dt_1 = \epsilon\, \Delta t
\end{aligned} \tag{A.27}$$

次に、任意の滑らかな関数 $f(x)$ に関して、$f(X(t+\Delta t))$ を $f(X(t))$ の周りでテイラー展開すると

$$\begin{aligned}
&f(X(t+\Delta t)) \\
&= f(X(t)) + \left.\frac{df(X)}{dX}\right|_{X=X(t)} \times \Delta X(t) \\
&\quad + \frac{1}{2} \left.\frac{d^2 f(X)}{dX^2}\right|_{X=X(t)} \times (\Delta X(t))^2 + o((\Delta X(t))^2) \\
&= f(X(t)) + \frac{df(X(t))}{dX} \Delta X(t) + \frac{1}{2} \frac{d^2 f(X(t))}{dX^2} (\Delta X(t))^2 + o((\Delta X(t))^2)
\end{aligned} \tag{A.28}$$

となる。ここで、$X(t)$ は t に関して滑らかではないので、$f(X(t+\Delta t))$ を Δt でテイラー展開できないが、$f(X(t))$ は X に関しては滑らかなので ΔX に関してテイ

ラー展開できることに注意する．また，$f(X)$ の微分操作の後で $X = X(t)$ とした量を $df(X(t))/dX$, $d^2f(X(t))/dX^2$ と略記した．この式 (A.28) に式 (A.25) を代入すると

$$\begin{aligned}&f(X(t+\Delta t))\\&= f(X(t)) + \frac{df(X(t))}{dX}\left(F(X(t))\,\Delta t + \Delta W\right)\\&\quad + \frac{1}{2}\frac{d^2f(X(t))}{dX^2}\left(F(X(t))\,\Delta t + \Delta W\right)^2 + o((\Delta X(t))^2)\end{aligned} \quad (A.29)$$

となり，更に両辺の期待値をとると

$$\begin{aligned}&E\left[f(X(t+\Delta t))\right]\\&= E\left[f(X(t))\right] + E\left[\frac{df(X(t))}{dX}\left(F(X(t))\,\Delta t + \Delta W\right)\right]\\&\quad + \frac{1}{2}E\left[\frac{d^2f(X(t))}{dX^2}\left(F(X(t))\,\Delta t + \Delta W\right)^2\right] + o((\Delta X(t))^2)\end{aligned} \quad (A.30)$$

となる．式 (A.30) の右辺第 2 項は

$$\begin{aligned}&E\left[\frac{df(X(t))}{dX}\left(F(X(t))\,\Delta t + \Delta W\right)\right]\\&= E\left[\frac{df(X(t))}{dX}F(X(t))\,\Delta t\right] + E\left[\frac{df(X)}{dX}\Delta W\right]\end{aligned} \quad (A.31)$$

となるが，$t < s$ に関して $X(t)$ と $\xi(s)$ が独立であることを使うと，ΔW に含まれる $\xi(s)$ の区間が $(t, t+\Delta t]$ であるから，$X(t)$ と ΔW は独立であり

$$\begin{aligned}&E\left[\frac{df(X(t))}{dX}\left(F(X(t))\,\Delta t + \Delta W\right)\right]\\&= E\left[\frac{df(X(t))}{dX}F(X(t))\,\Delta t\right] + E\left[\frac{df(X(t))}{dX}\right]E\left[\Delta W\right]\\&= E\left[\frac{df(X(t))}{dX}F(X(t))\,\Delta t\right]\end{aligned} \quad (A.32)$$

となる．式 (A.30) の右辺第 3 項についても同様な計算で

$$\begin{aligned}&\frac{1}{2}E\left[\frac{d^2f(X(t))}{dX^2}\left(F(X(t))\,\Delta t + \Delta W\right)^2\right]\\&= \frac{1}{2}E\left[\frac{d^2f(X(t))}{dX^2}(F(X(t))\,\Delta t)^2\right] + \frac{1}{2}E\left[\frac{d^2f(X(t))}{dX^2}\right]E\left[(\Delta W)^2\right]\\&= \frac{1}{2}E\left[\frac{d^2f(X(t))}{dX^2}(F(X(t))\,\Delta t)^2\right] + \frac{1}{2}E\left[\frac{d^2f(X(t))}{dX^2}\right]\epsilon\,\Delta t\end{aligned} \quad (A.33)$$

A.3 ランジュバン方程式とフォッカー・プランク方程式

となる.

以上をまとめると，式 (A.30) は

$$
\begin{aligned}
& E\left[f(X(t+\Delta t))\right] \\
&= E\left[f(X(t))\right] + E\left[\frac{df(X(t))}{dX} F(X(t))\,\Delta t\right] \\
&\quad + \frac{1}{2} E\left[\frac{d^2 f(X(t))}{dX^2} (F(X(t))\,\Delta t)^2\right] \\
&\quad + \frac{1}{2} E\left[\frac{d^2 f(X(t))}{dX^2}\right] \epsilon\,\Delta t + o((\Delta X(t))^2)
\end{aligned}
\tag{A.34}
$$

となるが，$(\Delta X)^2$ より高次の項は $o(\Delta t)$ なので

$$
\begin{aligned}
\frac{d}{dt} E\left[f(X(t))\right] &= \lim_{\Delta t \to 0} \frac{E\left[f(X(t+\Delta t))\right] - E\left[f(X(t))\right]}{\Delta t} \\
&= E\left[\frac{df(X(t))}{dX} F(X(t))\right] + \frac{\epsilon}{2} E\left[\frac{d^2 f(X(t))}{dX^2}\right]
\end{aligned}
\tag{A.35}
$$

となる.

次に，期待値 $E\left[f(X(t))\right]$ の定義を $X(t)$ の密度関数を用いて表すと

$$
E\left[f(X(t))\right] = \int_{-\infty}^{\infty} f(x)\,p(x,t)\,dx
\tag{A.36}
$$

となるから

$$
\frac{d}{dt} E\left[f(X(t))\right] = \int_{-\infty}^{\infty} f(x)\,\frac{\partial p(x,t)}{\partial t}\,dx
\tag{A.37}
$$

と書ける．式 (A.35) のその他の項についても密度関数を用いて表し，部分積分を行うと

$$
\begin{aligned}
& E\left[\frac{df(X(t))}{dX} F(X(t))\right] \\
&= \int_{-\infty}^{\infty} \frac{df(x)}{dx}\,F(x)\,p(x,t)\,dx \\
&= \left[f(x)\,F(x)\,p(x,t)\right]_{-\infty}^{\infty} - \int_{-\infty}^{\infty} f(x)\,\frac{\partial}{\partial x}(F(x)\,p(x,t))\,dx \\
&= -\int_{-\infty}^{\infty} f(x)\,\frac{d}{dx}(F(x)\,p(x,t))\,dx
\end{aligned}
\tag{A.38}
$$

であり，また

$$E\left[\frac{d^2 f(X(t))}{dX^2}\right]$$
$$= \int_{-\infty}^{\infty} \frac{d^2 f(x)}{dx^2} p(x,t)\, dx$$
$$= \left[\frac{df(x)}{dx} p(x,t)\right]_{-\infty}^{\infty} - \int_{-\infty}^{\infty} \frac{df(x)}{dx} \frac{\partial}{\partial x} p(x,t)\, dx$$
$$= -\int_{-\infty}^{\infty} \frac{df(x)}{dx} \frac{\partial}{\partial x} p(x,t)\, dx$$
$$= -\left[f(x) \frac{\partial}{\partial x} p(x,t)\right]_{-\infty}^{\infty} + \int_{-\infty}^{\infty} f(x) \frac{\partial^2}{\partial x^2} p(x,t)\, dx$$
$$= \int_{-\infty}^{\infty} f(x) \frac{\partial^2}{\partial x^2} p(x,t)\, dx \tag{A.39}$$

であるから，式 (A.35) は

$$\int_{-\infty}^{\infty} f(x) \frac{\partial p(x,t)}{\partial t}\, dx$$
$$= -\int_{-\infty}^{\infty} f(x) \frac{\partial}{\partial x}(F(x)\, p(x,t))\, dx + \frac{\epsilon}{2} \int_{-\infty}^{\infty} f(x) \frac{\partial^2}{\partial x^2} p(x,t)\, dx \tag{A.40}$$

と書き換えられる．この式が任意の関数 $f(x)$ に対して成立するはずなので，フォッカー・プランク方程式

$$\frac{\partial p(x,t)}{\partial t} = -\frac{\partial}{\partial x}(F(x)\, p(x,t)) + \frac{\epsilon}{2} \frac{\partial^2}{\partial x^2} p(x,t) \tag{A.41}$$

を得る．

A.4 伊藤過程と伊藤の補題

確率過程 $X(t)$ の時間発展を表す**確率微分方程式**が

$$dX(t) = F_1(X,t)\, dt + F_2(X,t)\, dW(t) \tag{A.42}$$

のように与えられる確率過程を**伊藤過程** (Itō process) という．ここで，$F_1(X,t)$ と $F_2(X,t)$ は適当な関数である．また，$W(t)$ は**ウィーナー過程** (Wiener process) である．式 (A.42) をランジュバン方程式 (A.16) の形で書けば

$$\frac{dX(t)}{dt} = F_1(X,t) + F_2(X,t)\, \eta(t) \tag{A.43}$$

である．ただし，$\eta(t)$ はガウス白色雑音で

$$E[\eta(t)] = 0, \quad E[\eta(t)\,\eta(t')] = \delta(t-t') \tag{A.44}$$

を満たすとする．

2 階微分可能な関数 $y(x,t)$ を使って新しい確率過程

$$Y(t) := y(X(t), t) \tag{A.45}$$

を導入する．このとき，$Y(t)$ が満たす確率微分方程式は

$$dY(t) = \frac{\partial y}{\partial t}\,dt + \frac{\partial y}{\partial X}\,dX + \frac{1}{2}\frac{\partial^2 y}{\partial X^2}\,(dX)^2 \tag{A.46}$$

で与えられ，**伊藤の補題**と呼ばれる．

伊藤の補題を理解するための準備として，ウィーナー過程 $W(t)$ の性質を明らかにしておく．式 (A.42) と式 (A.43) の比較から $dW(t) = \eta\,dt$ であるから

$$\Delta W := \int_t^{t+\Delta t} dW(t) = \int_t^{t+\Delta t} \eta(t)\,dt \tag{A.47}$$

である．このとき

$$E[\Delta W] = \int_t^{t+\Delta t} E[\eta(t)]\,dt = 0 \tag{A.48}$$

$$\begin{aligned}
E[(\Delta W)^2] &= E\left[\int_t^{t+\Delta t} \eta(t_1)\,dt_1 \int_t^{t+\Delta t} \eta(t_2)\,dt_2\right] \\
&= \int_t^{t+\Delta t} \int_t^{t+\Delta t} E[\eta(t_1)\eta(t_2)]\,dt_1 dt_2 \\
&= \int_t^{t+\Delta t} \int_t^{t+\Delta t} \delta(t_1 - t_2)\,dt_1 dt_2 \\
&= \int_t^{t+\Delta t} dt_1 = \Delta t
\end{aligned} \tag{A.49}$$

とウィーナー過程の定義から，ΔW は平均 0，分散 Δt の正規分布に従う確率変数である．したがって，標準正規分布に従う確率変数を η とすれば

$$\Delta W = \eta\,\sqrt{\Delta t} \tag{A.50}$$

と書ける．

ここで，標準正規分布に従う確率変数 η に対して，確率変数 η^2 が従う確率分布を考える．

$$P(\eta^2 \leqq x) = 2\,P(0 < \eta \leqq \sqrt{x})$$
$$= 2\,\frac{1}{\sqrt{2\pi}}\int_0^{\sqrt{x}} e^{-u^2/2}\,du$$

ここで, $y = u^2$ と変数変換すると, $dy = 2u\,du$ より

$$P(\eta^2 \leqq x) = \frac{1}{\sqrt{2\pi}}\int_0^x \frac{1}{\sqrt{y}}\,e^{-y/2}\,dy$$

となるから, 確率変数 η^2 の従う分布の確率密度関数は, 上式の被積分関数より

$$\frac{dP(\eta^2 \leqq x)}{dx} = \frac{1}{\sqrt{2\pi x}}\,e^{-x/2} \tag{A.51}$$

となる. これは自由度 1 の χ^2 分布である. 平均と分散を計算すると

$$\begin{aligned}E[\eta^2] &:= \int_0^\infty x\,P(x < \eta^2 \leqq x + dx) \\ &= \frac{1}{\sqrt{2\pi}}\int_0^\infty \sqrt{x}\,e^{-x/2}\,dx \\ &= \frac{2}{\sqrt{\pi}}\int_0^\infty \sqrt{u}\,e^{-u}\,du \\ &= \frac{2}{\sqrt{\pi}}\,\Gamma(3/2) = 1\end{aligned} \tag{A.52}$$

となり, また

$$\begin{aligned}\mathrm{Var}[\eta^2] &:= \int_0^\infty x^2\,P(x < \eta^2 \leqq x + dx) - \bigl(E[\eta^2]\bigr)^2 \\ &= \frac{1}{\sqrt{2\pi}}\int_0^\infty x^{3/2}\,e^{-x/2}\,dx - 1 \\ &= \frac{4}{\sqrt{\pi}}\int_0^\infty \sqrt{u}\,e^{-u}\,du - 1 \\ &= \frac{4}{\sqrt{\pi}}\,\Gamma(5/2) - 1 = 3 - 1 = 2\end{aligned} \tag{A.53}$$

となる. ここで, $u = x/2$ の変数変換とガンマ関数

$$\Gamma(x) := \int_0^\infty t^{x-1}\,e^{-t}\,dt$$

の性質

$$\Gamma(x) = (x-1)\,\Gamma(x-1), \quad \Gamma(1/2) = \sqrt{\pi}$$

を使った.

この結果を用いて式 (A.50) の両辺を自乗した

$$(\Delta W)^2 = \eta^2 \, \Delta t \tag{A.54}$$

の性質を調べる．$(\Delta W)^2$ は確率変数で，平均と分散は

$$E[(\Delta W)^2] = E[\eta^2] \, \Delta t = \Delta t \tag{A.55}$$

$$\mathrm{Var}[(\Delta W)^2] = \mathrm{Var}[\eta^2] \, (\Delta t)^2 = 2 \, (\Delta t)^2 \tag{A.56}$$

となる．これは，$\Delta t \to 0$ としたときに確率変数 $(\Delta W)^2$ の分散が急速に 0 に近づくことを意味する．つまり，$\Delta t \to 0$ において，確率変数 $(\Delta W)^2$ の分散は 0 となり，式 (A.54) の η^2 による変動の効果がなくなって平均値の値をとるようになる．そのため，$\Delta t \to 0$ によって

$$(dW)^2 = dt \tag{A.57}$$

が得られる．このため dW は形式的に $dW = \sqrt{dt}$ と書かれることがある．

このように dW に関する 2 次の量から dt の 1 次の量が現れるため，テイラー展開で dt のオーダまで考慮する場合，$(dW)^2$ の項まで考慮する必要がある．伊藤の補題 (A.46) は，関数 $g(X,t)$ を変数 X と t でテイラー展開し，dt のオーダの量が現れる可能性のある次数まで考慮するために，$(\Delta W)^2$ が含まれている X の 2 次の項まで展開したものである．

引用・参考文献

1) M. Aida: Using a renormalization group to create ideal hierarchical network architecture with time scale dependency, IEICE Transactions on Communications, **E95-B**[†], 5, pp. 1488–1500 (2012)
2) 会田雅樹, 高野知佐, 作元雄輔：動作時間スケールの階層構造を基盤とするネットワークアーキテクチャ（特集 情報爆発時代に向けた新たな通信技術―限界打破への挑戦―）, 信学誌, **94**, 5, pp. 401–406 (2011)
3) 大野克嗣, 田崎晴明, 東島　清：くりこみ理論の地平, 数理科学, **35**, 4, pp. 5–12 (1997)
4) 会田雅樹, 高野知佐：自然界の階層構造に学ぶ自律分散制御モデル（第 5 章）, 村田 正幸, 成瀬　誠 (編著)：情報ネットワーク科学入門（情報ネットワーク科学シリーズ第 1 巻）, コロナ社 (2015)
5) 高野知佐, 会田雅樹：物理の近接作用に学ぶ：拡散現象を指導原理とした自律分散型フロー制御技術（小特集 情報通信ネットワークの設計・制御理論の新潮流：異分野からのアプローチ）, 信学誌, **91**, 10, pp. 875–880 (2008)
6) Y. Honma, M. Aida, H. Shimonishi and A. Iwata: A new multi-path routing methodology based on logit-type probability assignment, IEICE Transactions on Communications, **E94-B**, 8, pp. 2282–2291 (2011)
7) Y. Honma, M. Aida and H. Shimonishi: New routing methodology focusing on the hierarchical structure of control time scale, WSEAS Transactions on Communications, **13**, art. #57, pp. 519–526 (2014)
8) N.G. van Kampen: Stochastic Processes in Physics and Chemistry, 3rd ed., North Holland (2007)
9) See e.g., J.D. Bjorken and Sidney D. Drell: Relativistic Quantum Mechanics, McGraw-Hill, New York (1964)
10) 荒牧正也：無限大にいどむ　甦るくりこみ理論（科学全書 43）, 大月出版 (1992)
11) See e.g., K.G. Wilson: The Renormalization Group and Critical Phenomena, Nobel Lecture (8 Dec. 1982)

---

† 論文誌の巻番号は太字，号番号は細字で表す．

12) 竹田辰興：電気通信大学 計算理工学特論 講義資料 (2010) http://bonryu.com/Bonryu/Lecture_files/TCSE9~10.pdf (2015 年 5 月現在)
13) 国広悌二：くりこみ群の方法とその輸送方程式への応用, 素粒子論研究, **103**, 1, pp. A160–A176 (2001)
14) 国広悌二：微分方程式の縮約と包絡線—くりこみ群法の幾何学的解釈と不変多様体の構成—, 物理会誌, **65**, 9, pp. 683–690 (2010)
15) 田崎晴明：くりこみ群と普遍性, 数理科学, **35**, 4, pp. 21–29 (1997)
16) M. Aida and C. Takano: Principle of autonomous decentralized flow control and layered structure of network control with respect to time scales, Supplement of the ISADS 2003 Conference Fast Abstracts, pp. 3–4 (2003)
17) C. Takano and M. Aida: Diffusion-type autonomous decentralized flow control for end-to-end flow in high-speed networks, IEICE Transactions on Communications, **E88-B**, 4, pp. 1559-1567 (2005)
18) C. Takano and M. Aida: Diffusion-type autonomous decentralized flow control for multiple flows, IEICE Transactions on Communications, **E90-B**, 1, pp. 21–30 (2007)
19) 住　達郎, 高野知佐, 会田雅樹, 石田賢治：拡散方程式に基づく自律分散的輻輳制御技術の実証実験, 信学論 D, **J95-D**, 12, pp. 2048–2058 (2012)
20) M. Uchida, K. Ohnishi, K. Ichikawa, M. Tsuru and Y. Oie: Dynamic and decentralized storage load balancing with analogy to thermal diffusion for P2P file sharing, IEICE Transactions on Communications, **E93-B**, 3, pp. 525–535 (2010)
21) D. Spielman: Spectral graph theory, Chapter 18 of Combinatorial Scientific Computing (Eds. U. Naumann and O. Schenk), pp. 495–524, Chapman and Hall/CRC (2012)
22) M. Fiedler: Algebraic connectivity of graphs, Czechoslovak Mathematical Journal, **23**, 98, pp. 298–305 (1973)
23) M.E.J. Newman: The graph Laplacian, Section 6.13 of Networks: An Introduction, pp. 152–157, Oxford University Press (2010)
24) S. Basagni: Distributed clustering for ad hoc networks, Proceeding of International Symposium on Parallel Architectures, Algorithms and Networks, pp. 310–315 (1999)
25) C.E. Perkins, E.M. Royer and S. Das: Ad hoc on-demand distance vector (AODV) routing, Request for Comments 3561 (2003)

26) T. Ohta, S. Inoue, Y. Kakuda and K. Isida: An adaptive multihop clustering scheme for ad hoc networks with high mobility, IEICE Transactions on Communications, **E86-A**, 7, pp. 1689–1697 (2003)
27) C. Takano, M. Aida, M. Murata and M. Imase: Proposal for autonomous decentralized structure formation based on local interaction and back-diffusion potential, IEICE Transactions on Communications, **E95-B**, 5, pp. 1529–1538 (2012)
28) H. Takayama, S. Hatakeyama and M. Aida: Self-adjustment mechanism guaranteeing asymptotic stability of clusters formed by autonomous decentralized mechanism, Journal of Communications, **9**, 2, pp. 180–187 (2014)
29) R. Hamamoto, C. Takano, K. Ishida and M. Aida: Guaranteeing asymptotic stability of clustering by autonomous decentralized structure formation, The 9th IEEE International Conference on Autonomic and Trusted Computing (ATC 2012), Fukuoka, Japan (2012)
30) T. Kubo, T. Hasegawa and T. Hasegawa: Mathematically designing a local interaction algorithm for decentralized network systems, IEICE Transactions on Communications, **E95-B**, 5, pp. 1547–1557 (2012)
31) T. Kubo, A. Tagami, T. Hasegawa and T. Hasegawa: Decentralized equal-sized clustering in sensor networks, IEICE Transactions on Fundamentals of Electronics, Communications and Computer Sciences, **E96-A**, 5, pp. 916–926 (2013)
32) G. Neglia and G. Reina: Evaluating activator-inhibitor mechanisms for sensors coordination, proceedinfs of International Conference on Bio-Inspired Models of Network, Information and Computing Systems (BIONETICS 2007), pp. 129–133 (2007)
33) N. Wakamiya, K. Hyodo and M. Murata: Reaction-diffusion based topology self-organization for periodic data gathering in wireless sensor networks, Second IEEE International Conference on Self-Adaptive and Self-Organizing Systems, pp. 351–360 (2008)
34) 若宮直紀，荒川伸一：生命のしくみに学ぶ情報ネットワーク設計・制御（情報ネットワーク科学シリーズ第5巻），コロナ社 (2015)
35) simulator download，大阪大学大学院生命機能研究科パターン形成研究室（近藤滋研究室）ホームページ
 http://www.fbs.osaka-u.ac.jp/labs/skondo/indexE.html (2015年5月現在)

36) K. Takagi, C. Takano, M. Aida and M. Naruse: New autonomous decentralized structure formation based on Huygens' principle and renormalization for mobile ad hoc networks, International Journal on Advances in Intelligent Systems, **7**, 1&2, pp. 64–73 (2014)
37) S. Floyd and V. Jacobson: Random early detection gateways for congestion avoidance, IEEE/ACM Transactions on Networking, **1**, 4, pp. 397–413 (1993)
38) E.N. Lorenz: Deterministic nonperiodic flow, Journal of the Atmospheric Science, 20, pp. 130–141 (1963)
39) M. Aida: Concept of chaos-based hierarchical network control and its application to transmission rate control, IEICE Transactions on Communications, **E98-B**, 1, pp. 135–144 (2015)
40) M. Allman, V. Paxson and W. Stevens: TCP Congestion Control, Request for Comments 2581 (1999)
http://www.ietf.org/rfc/rfc2581.txt (2015 年 5 月現在)
41) 大野克嗣：非線形な世界, 東京大学出版会 (2009)
42) K. Ito, Y. Oono, H. Yamazaki and K. Hirakawa: Chaotic behavior in great earthquakes coupled relaxation oscillator model, billiard model and electronic circuit model, Journal of the Physical Society of Japan, **49**, 1, pp. 43–52 (1980)
43) Y-C. Liu, Y. Sakumoto, C. Takano and M. Aida: Parameter design for efficient link utilization in chaos-based transmission rate control, Seventh International Workshop on Autonomous Self-Organizing Networks, pp. 300–303 (2014)
44) 蔵本由紀：非線形科学, 集英社新書, 集英社 (2007)
45) M. Aida, C. Takano, M. Murata and M. Imase: A study of control plane stability with retry traffic: Comparison of hard- and soft-state protocols, IEICE Transactions on Communications, **E91-B**, 2, pp. 437-445 (2008)
46) H. Haken: Synergetics: An Introduction. Nonequilibrium Phase Transitions and Self-Organization in Physics, Chemistry and Biology, Springer (1978)
47) S. Hatakeyama, C. Takano and M. Aida: "Hierarchical performance evaluation method for describing the interactions between networks and users," Journal of Communications, **9**, 10, pp. 737–744 (2014)
48) Y. Sakumoto, M. Aida and H. Shimonishi: An autonomous decentralized adaptive function for retaining control strength in large-scale and wide-area

system, Proceeding of IEEE GLOBECOM 2014, pp. 1923–1929 (2014)
49) 村田正幸, 成瀬　誠 (編著)：情報ネットワーク科学入門（情報ネットワーク科学シリーズ第 1 巻), コロナ社 (2015)
50) 長谷川幹雄, 中尾裕也, 合原一幸：ネットワーク・カオス―非線形ダイナミクス・複雑系と情報ネットワーク―（情報ネットワーク科学シリーズ第 4 巻), コロナ社 (2016 年発行予定)

索　引

【あ】
アトラクタ　146

【い】
伊藤過程　167, 206
伊東の大地震モデル　134
伊藤の補題　168, 207
移流方程式　35

【う】
ウィーナー過程　167, 201, 206
ウィンドウ制御　132

【え】
遠隔作用　4, 11

【お】
往復遅延時間　126
重み付き次数行列　53
オルンシュタイン・ウーレンベック過程　72

【か】
階層構造　1, 131
ガウス過程　201
ガウス積分　39
ガウス白色雑音　167, 187, 201, 207
カオス　128
拡散行列　63
拡散係数　36, 45, 48, 50
拡散項　72, 75

拡散方程式　36, 43
確率過程　197
確率微分方程式　167, 206
確率密度関数　39, 197
重ね合わせの原理　41
カダノフ変換　176
活性因子　100
完全グラフ　12
ガンマ関数　208
緩和振動子　133

【き】
逆拡散　84
境界条件　36, 44, 134
共存性　130
局所性　4, 24
局所動作規則　42, 72, 79
近接作用　4, 11

【く】
空間構造ベクトル　95
クラスタリング　77
グラフラプラシアン　53
クラマース・モヤル展開　11
グラム・シュミットの正規直交化法　57
グリーディアルゴリズム　29
くりこみ　16
くりこみ可能　5, 24
くりこみ可能性　129
くりこみ群　16, 19, 178
くりこみ群方程式　18, 21, 178

くりこみ変換　4, 17, 67, 107, 175
クロネッカーのデルタ　53, 144

【け】
結合振動子　132, 134
決定論的システム　128

【こ】
構造安定　130
構造安定性　131
勾配比例方式　85, 98
固有値　55, 56
固有値問題　55
固有ベクトル　56

【さ】
再帰的　145
最急勾配方式　85, 98
最大次数　48
最短経路問題　28
座標系　71
差分方程式　9, 12, 44

【し】
閾　値　132
次　数　15, 53
次数行列　53
周期境界条件　134
自由振動子　132
準静的アプローチ　158, 163
準静的過程　163
条件付き確率密度関数　197

状態空間	136	輻輳回避フェーズ	126
状態遷移速度図	160	不動点	18, 110
常微分方程式	19, 37	分散制御	131
初期条件	38		
初期値鋭敏性	129, 141	【へ】	
自律調整機構	88	平衡解	73
自律分散クラスタリング	105	ベクトル場	137
自律分散制御	1, 8, 12, 42, 43	変位	132
		変数分離形	35
振幅変調	23	偏微分方程式	12

【て】
テイラー展開	10, 203
停留値問題	55
デルタ関数	39, 68, 133

【と】
同時確率密度関数	197
トーラス	92, 114, 136
トポロジー構造	138
ドリフト項	72, 75

【な】
ナップサック問題	29

【に】
二次形式	54

【ね】
ネットワークトポロジー	48, 71

【の】
ノードの次数	47

【は】
バタフライ効果	129
半群	178
搬送波	23
反応拡散方程式	100

【ひ】
非負定値行列	55
非連結グラフ	56

【ふ】
フィードラーベクトル	56
フィックの法則	36, 42, 43, 58
フーリエ級数	44
フーリエ変換	37, 98
フォッカー・プランク方程式	15, 71, 72, 187, 206

【す】
スケール変換	17
ストレンジアトラクタ	131, 142
スループット	131, 142, 153
スロースタートフェーズ	126, 134

【せ】
正規化ラプラシアン行列	57
正規分布	39
遷移確率密度	197
漸近解析	19
線形方程式	41

【そ】
送信レート制御	131
素元波	106
粗視化	17

【た】
大群化効果	158
代数的連結度	56
単位円グラフ	92, 114
断熱近似	179, 180

【ち】
チャップマン・コルモゴロフ方程式	198
チューリングパターン	100
調和関数	13

【ほ】
ポアソン過程	186
ポアソン分布	186
ホイヘンスの原理	105
包絡線	19, 21, 106
ポテンシャル関数	79

【ま】
マスター方程式	9, 11, 201
マルコフ過程	198
マルコフ連鎖	162

【む】
無次元量	47

【も】
モバイルアドホックネットワーク	77

【ゆ】
ユニバーサリティ	26

【よ】
揺動散逸定理	74, 81
抑制因子	100

【ら】
ラグランジュの未定乗数	55
ラグランジュの未定乗数法	55
ラプラシアン	13
ラプラシアン行列	53

索引　217

ラプラス方程式	13	隣接関係	134	【ろ】	
ランジュバン方程式	167, 187, 201, 206	隣接行列	52	ローレンツアトラクタ	129, 138
ランダムウォーク	63	【れ】		ローレンツ方程式	129
ランダム初期検知	127	連結成分	56	ローレンツモデル	129
【り】		連続極限	9	ロジスティック曲線	90
力学系	19	連続の式	33, 43		

◇─────────────◇─────────────◇

【A】		【N】		【T】	
AM	23	NP完全	29	TCP	125, 132, 134
【M】		【R】		TCPグローバル同期問題	126
MANET	77	RED	127, 141		
M/M/1 待ち行列	159	RTT	126		

―― 著者略歴 ――

1987 年 立教大学理学部物理学科卒業
1989 年 立教大学大学院理学研究科博士課程前期課程修了（原子物理学専攻）
1989 年 日本電信電話株式会社勤務
1999 年 博士（工学）（東京大学）
2005 年 首都大学東京准教授
2007 年 首都大学東京教授
　　　　現在に至る

情報ネットワークの分散制御と階層構造
Distributed Control and Hierarchical Structure in Information Networks

Ⓒ 一般社団法人　電子情報通信学会 2015

2015 年 10 月 5 日　初版第 1 刷発行

検印省略

監　修　者　一般社団法人
　　　　　　電子情報通信学会
　　　　　　http://www.ieice.org/

著　　　者　会　田　雅　樹
　　　　　　（あい　だ　まさ　き）
発　行　者　株式会社　コ　ロ　ナ　社
　　　　　　代　表　者　牛　来　真　也
印　刷　所　三美印刷株式会社

112–0011　東京都文京区千石 4–46–10
発行所　株式会社　コ　ロ　ナ　社
CORONA PUBLISHING CO., LTD.
Tokyo Japan
振替 00140–8–14844・電話 (03)3941–3131(代)

ホームページ http://www.coronasha.co.jp

ISBN 978–4–339–02803–4　　　（製本：愛千製本所）
Printed in Japan

本書のコピー，スキャン，デジタル化等の無断複製・転載は著作権法上での例外を除き禁じられております。購入者以外の第三者による本書の電子データ化及び電子書籍化は，いかなる場合も認めておりません。

落丁・乱丁本はお取替えいたします

電子情報通信レクチャーシリーズ

■電子情報通信学会編 　　　　　　　　（各巻B5判）

白ヌキ数字は配本順を表します。

				頁	本体
㉚ A-1	電子情報通信と産業	西村 吉雄 著		272	4700円
⑭ A-2	電子情報通信技術史 ―おもに日本を中心としたマイルストーン―	「技術と歴史」研究会編		276	4700円
㉖ A-3	情報社会・セキュリティ・倫理	辻井 重男 著		172	3000円
⑥ A-5	情報リテラシーとプレゼンテーション	青木 由直 著		216	3400円
㉙ A-6	コンピュータの基礎	村岡 洋一 著		160	2800円
⑲ A-7	情報通信ネットワーク	水澤 純一 著		192	3000円
㉝ B-5	論理回路	安浦 寛人 著		140	2400円
⑨ B-6	オートマトン・言語と計算理論	岩間 一雄 著		186	3000円
❶ B-10	電磁気学	後藤 尚久 著		186	2900円
⑳ B-11	基礎電子物性工学―量子力学の基本と応用―	阿部 正紀 著		154	2700円
④ B-12	波動解析基礎	小柴 正則 著		162	2600円
② B-13	電磁気計測	岩﨑 俊 著		182	2900円
⑬ C-1	情報・符号・暗号の理論	今井 秀樹 著		220	3500円
㉕ C-3	電子回路	関根 慶太郎 著		190	3300円
㉑ C-4	数理計画法	山下・福島 共著		192	3000円
⑰ C-6	インターネット工学	後藤・外山 共著		162	2800円
③ C-7	画像・メディア工学	吹抜 敬彦 著		182	2900円
㉜ C-8	音声・言語処理	広瀬 啓吉 著		140	2400円
⑪ C-9	コンピュータアーキテクチャ	坂井 修一 著		158	2700円
㉛ C-13	集積回路設計	浅田 邦博 著		208	3600円
㉗ C-14	電子デバイス	和保 孝夫 著		198	3200円
⑧ C-15	光・電磁波工学	鹿子嶋 憲一 著		200	3300円
㉘ C-16	電子物性工学	奥村 次徳 著		160	2800円
㉒ D-3	非線形理論	香田 徹 著		208	3600円
㉓ D-5	モバイルコミュニケーション	中川・大槻 共著		176	3000円
⑫ D-8	現代暗号の基礎数理	黒澤・尾形 共著		198	3100円
⑱ D-11	結像光学の基礎	本田 捷夫 著		174	3000円
⑤ D-13	並列分散処理	谷口 秀夫 著		148	2300円
⑯ D-17	VLSI工学―基礎・設計編―	岩田 穆 著		182	3100円
⑩ D-18	超高速エレクトロニクス	中村・三島 共著		158	2600円
㉔ D-23	バイオ情報学 ―パーソナルゲノム解析から生体シミュレーションまで―	小長谷 明彦 著		172	3000円
⑦ D-24	脳工学	武田 常広 著		240	3800円
⑮ D-27	VLSI工学―製造プロセス編―	角南 英夫 著		204	3300円

以下続刊

共通
A-4	メディアと人間	原島・北川 共著
A-8	マイクロエレクトロニクス	亀山 充隆 著
A-9	電子物性とデバイス	益・天川 共著

基礎
B-1	電気電子基礎数学	大石 進一 著
B-2	基礎電気回路	篠田 庄司 著
B-3	信号とシステム	荒川 薫 著
B-7	コンピュータプログラミング	富樫 敦 著
B-8	データ構造とアルゴリズム	岩沼 宏治 著
B-9	ネットワーク工学	仙石・田村・中野 共著

基盤
C-2	ディジタル信号処理	西原 明法 著
C-5	通信システム工学	三木 哲也 著
C-11	ソフトウェア基礎	外山 芳人 著

展開
D-1	量子情報工学	山崎 浩一 著
D-4	ソフトコンピューティング	
D-7	データ圧縮	谷本 正幸 著
D-13	自然言語処理	松本 裕治 著
D-15	電波システム工学	唐沢・藤井 共著
D-16	地球環境工学	徳田 正満 著
D-19	量子効果エレクトロニクス	荒川 泰彦 著
D-22	ゲノム情報処理	高木・小池 編著
D-25	生体・福祉工学	伊福部 達 著

定価は本体価格+税です。
定価は変更されることがありますのでご了承下さい。

図書目録進呈◆

コロナ社創立90周年記念出版
〔創立1927年〕

内容見本進呈

情報ネットワーク科学シリーズ

(各巻A5判)

■電子情報通信学会 監修
■編集委員長　村田正幸
■編集委員　会田雅樹・成瀬　誠・長谷川幹雄

本シリーズは，従来の情報ネットワーク分野における学術基盤では取り扱うことが困難な諸問題，すなわち，大量で多様な端末の収容，ネットワークの大規模化・多様化・複雑化・モバイル化・仮想化，省エネルギーに代表される環境調和性能を含めた物理世界とネットワーク世界の調和，安全性・信頼性の確保などの問題を克服し，今後の情報ネットワークのますますの発展を支えるための学術基盤としての「情報ネットワーク科学」の体系化を目指すものである．

シリーズ構成

配本順　　　　　　　　　　　　　　　　　　　　　頁　本 体

1.（1回）**情報ネットワーク科学入門**　　村田正幸　編著　　230　3000円
　　　　　　　　　　　　　　　　　　　成瀬　誠

2.（4回）**情報ネットワークの数理と最適化**　巳波弘佳　共著　　近刊
　　　―性能や信頼性を高めるためのデータ構造とアルゴリズム―　井上武

3.（2回）**情報ネットワークの分散制御と階層構造**　会田雅樹　著　　230　3000円

4.　　　**ネットワーク・カオス**　　　　　長谷川幹雄　共著
　　　―非線形ダイナミクス・複雑系と情報ネットワーク―　中尾裕也
　　　　　　　　　　　　　　　　　　　　合原一幸

5.（3回）**生命のしくみに学ぶ
　　　　情報ネットワーク設計・制御**　　若宮直紀　共著　166　2200円
　　　　　　　　　　　　　　　　　　　荒川伸一

定価は本体価格+税です．
定価は変更されることがありますのでご了承下さい．

図書目録進呈◆